"十四五"职业教育国家规划教材

"十三五"职业教育国家规划教材

职业教育赛教一体化课程改革系列规划教材

U0316466

物联网.NET开发

WULIANWANG .NET KAIFA

张 勇　李迎霞　主　编

陶国喜　胡　骏　吴佳骅　代西凯　副主编

罗幼平　主　审

中国铁道出版社有限公司

CHINA RAILWAY PUBLISHING HOUSE CO., LTD.

内 容 简 介

本书根据高等职业教育的特点，结合教学实践，以项目为载体，全面系统地介绍了使用 C# 语言进行控制台及窗体应用程序开发的各种技术。内容涵盖.NET Framework 体系结构、Visual Studio 开发环境、C#语法基础、C#面向对象技术、Winform 窗体程序设计、多线程、委托、事件、网络编程、文件操作、数据库编程、WPF 程序设计、唯众物联平台技术应用等 13 个方面。

本书包括搭建 Visual Studio 开发环境、联通手机充值系统、银行卡开户管理、会员管理系统、智能大棚控制系统、ATM 机自动报警系统、简易记事本、学生信息管理系统、智能家居系统 9 个项目，内容广泛充实，理论结合实践，强调动手能力培养，突出知识的实用性。

本书适合作为高等职业院校计算机专业 C#编程技术课程教材，也可作为自学人员和企业开发人员的技术参考资料和培训教材。

图书在版编目（CIP）数据

物联网.NET 开发 / 张勇，李迎霞主编. —北京：中国铁道出版社有限公司，2019.9（2024.1 重印）
职业教育赛教一体化课程改革系列规划教材
ISBN 978-7-113-25808-5

Ⅰ．①物…　Ⅱ．①张…　②李…　Ⅲ．①网页制作工具-程序设计-职业教育-教材　Ⅳ．①TP393.092

中国版本图书馆 CIP 数据核字（2019）第 149897 号

书　　名：物联网.NET 开发
作　　者：张　勇　李迎霞

策　　划：徐海英　　　　　　　　　　　　编辑部电话：（010）63551006
责任编辑：王春霞　彭立辉
封面制作：刘　颖
责任校对：张玉华
责任印制：樊启鹏

出版发行：中国铁道出版社有限公司（100054，北京市西城区右安门西街 8 号）
网　　址：http://www.tdpress.com/51eds/
印　　刷：三河市航远印刷有限公司
版　　次：2019 年 9 月第 1 版　2024 年 1 月第 3 次印刷
开　　本：850 mm×1 168 mm　1/16　印张：14　字数：346 千
书　　号：ISBN 978-7-113-25808-5
定　　价：43.00 元

前　言

为认真贯彻落实教育部实施新时代中国特色高水平高职学校和专业群建设，扎实、持续地推进职校改革，强化内涵建设和高质量发展，落实双高计划，抓好 2019 年职业院校信息技术人才培养方案实施及配套建设，在湖北信息技术职业教育集团的大力支持下，武汉唯众智创科技有限公司统一规划并启动了"职业教育赛教一体化课程改革系列规划教材"（《云计算技术与应用》《大数据技术与应用 I》《网络综合布线》《物联网 .NET 开发》《物联网嵌入式开发》《物联网移动应用开发》），本书是"教育教学一线专家、教育企业一线工程师"等专业团队的匠心之作，是全体编委精益求精，在日复一日年复一年的工作中，不断探索和超越的教学结晶。本书教学设计遵循教学规律，涉及内容是真实项目的拆分与提炼。全书以物联网 .NET 开发为中心，并适当扩展当前物联网 .NET 开发必备的基本技能，坚持以技能操作培养为中心，理论知识够用的原则组织编写。

党的二十大报告指出："全面贯彻党的教育方针，落实立德树人根本任务，培养德智体美劳全面发展的社会主义建设者和接班人""创新是第一动力""增强文化自信，围绕举旗帜、聚民心、育新人、兴文化、展形象建设社会主义文化强国"，本书在项目实施评价中增加素质评价、创新意识评价，落实立德树人，注重学习者的创新意识培养，同时，在项目选择中引导学习中国重大科技成就发展历史，增强自信力、凝聚力和家国情，推进文化自信自强。

本书根据高等职业教育的特点，以项目为载体，结合软件人才培养模式的认知规律进行体系设计。内容包括搭建 Visual Studio 开发环境、联通手机充值系统、银行卡开户管理、会员管理系统、智能大棚控制系统、ATM 机自动报警系统、简易记事本、学生信息管理系统、智能家居系统 9 个案例，分别从项目引入、任务讲解、知识拓展、项目总结、常见问题解析等方面进行讲解。本书兼顾物联网技术应用专业特点，融合讲解了高等职业院校技能大赛"物联网技术应用"主要考核知识点及技术。

通过本书的学习，学生可以掌握 .NET Framework 体系结构、Visual Studio 开发环境搭建、C# 语法基础、C# 面向对象技术、Winform 窗体程序设计、多线程、委托、事件、网络编程、文件操作、数据库编程、WPF 程序设计、唯众物联平台技术应用等 C# 应用开发技术。

本书基于 Visual Studio Community 2015 版本进行开发。为方便教和学，本书配有 40 个微课视频，授课用 PPT、课程标准、.NET 开发编程规范文档、源代码和习题答案等丰富的数字化资源，可在 www.tdpress.com/51eds/ 下载。

本书由黄冈职业技术学院张勇、湖北城市建设职业技术学院李迎霞任主编，黄冈职业技术学院陶国喜、湖北生物科技职业学院胡骏、武汉城市职业学院吴佳骅、武汉唯众智创科技有限公司代西凯任副主编。具体编写分工：张勇编写了项目 1、项目 2 和项目 6；李迎霞编写了项目 3 和项目 4；陶国喜编写了项目 5；胡骏编写了项目 7；吴佳骅编写了项目 8；代西凯编写了项目 9。全书由张勇统稿，罗幼平教授主审。

由于时间仓促，编者水平有限，书中疏漏与不妥之处在所难免，敬请广大读者批评指正。

编　者

2022 年 12 月

目 录

项目 1

搭建 Visual Studio
开发环境

C# 是微软公司发布的一种面向对象的、运行于 .NET Framework 之上的高级程序设计语言。C# 因自身强大的操作能力、高效的运行效率已成为 .NET 开发的常用语言。Microsoft Visual Studio 是美国微软公司的开发工具包系列产品，是目前流行的 Windows 平台应用程序的集成开发环境。本项目实现在个人计算机上完成 Visual Studio 开发环境的搭建。

学习目标

- 了解 .NET Framework 体系结构。
- 了解 Visual Studio 开发环境。
- 掌握 Visual Studio 的下载和安装。
- 掌握 C# 项目创建及运行方法。

项目描述

搭建 Visual Studio 开发环境首先必须下载 Visual Studio 安装包，通过安装包完成应用软件的安装，在应用软件安装成功后，进行个性化的开发环境设置，并实现第一个 C# 项目的创建及运行。

工作任务

- 任务 1：下载安装 Visual Studio。
- 任务 2：设置 Visual Studio 开发环境。
- 任务 3：创建 C# 项目。

任务 1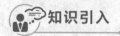

 任务描述

选择 Visual Studio 下载版本后，正确安装 Visual Studio 开发环境。

知识引入

Microsoft Visual Studio 简称 VS，是美国微软公司的开发工具包系列产品。VS 是一个比较完整的开发工具集，包括整个软件生命周期中所需要的大部分工具，如 UML 工具、代码管控工具、集成开发环境（IDE）等。所写的目标代码适用于微软支持的所有平台，包括 Microsoft Windows、Windows Mobile、Windows CE、.NET Framework、.Net Core、.NET Compact Framework 和 Microsoft Silverlight 及 Windows Phone。

Visual Studio 是目前流行的 Windows 平台应用程序的集成开发环境，最新版本为 Visual Studio 2019 版本。本书基于 Visual Studio Community 2015 版本进行开发。

任务实现

1. 下载 Visual Studio 安装包

Visual Studio 可以到官网下载，官网地址为 https://visualstudio.microsoft.com/。

选择下载版本后，下载得到安装包对应的 iso 文件 vs2015.com_chs.iso。

2. 解压缩安装包对应的 iso 文件

安装包解压后得到的解压缩文件结构如图 1-1 所示。

视 频

下载安装
Visual Studio

图 1-1 安装包解压缩文件结构图

3. 安装 vs_community.exe 文件

运行安装文件后，Visual Studio 开始初始化安装环境，如图 1-2 所示。

图 1-2 初始化安装环境图

4. 选择安装位置

(1) 初始化安装环境完成后,单击"下一步"按钮,选择 Visual Studio 的安装位置,如图 1-3 所示。

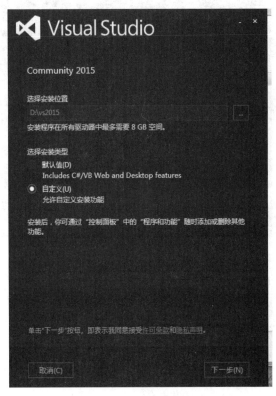

图 1-3 安装位置选择图

（2）单击安装位置右侧的"…"按钮，可选择 Visual Studio 软件的安装位置，建议安装到系统盘以外的其他位置。在下方的"选择安装类型"中可选择"默认值"安装或"自定义"安装。选择"默认值"安装，单击"下一步"按钮后 Visual Studio 将自动安装完成；选择"自定义"安装可以根据需要选择组件进行安装。

5. 自定义安装

（1）选择"自定义"安装，单击"下一步"按钮，选择 Visual Studio 需要安装的功能，如图 1-4 所示。

图 1-4　安装功能选择图

（2）选择需要安装的功能后，单击"下一步"按钮，Visual Studio 将自动进行安装。

6. 安装完成

（1）Visual Studio 安装完成后，会出现提示信息，如图 1-5 所示。

图 1-5　安装完成提示图

（2）重启计算机完成安装。

 任务小结

（1）Visual Studio 的安装包为 iso 文件，不解压也可通过虚拟光驱进行安装。

（2）Visual Studio 以"默认值"方式进行安装将占据更大的磁盘空间和系统资源，并且安装时间更长，建议根据需要进行"自定义安装"。

任务 2　设置 Visual Studio 开发环境

 任务描述

Visual Studio 第一次启动及在代码编写过程中，可对开发环境进行个性化的主题及字体格式设置，在程序运行及调试过程中可以根据需要打开或关闭部分视图窗口。

 知识引入

（1）视图窗口字体格式设置，包括字体大小、前景颜色、背景颜色等设置。

（2）部分视图在程序编写、程序调试、程序运行的不同阶段可以根据需要进行关闭或重新打开。

任务实现

1. 初次运行开发及主题设置

Visual Studio 第一次启动，将要求进行开发设置及主题设置，如图 1-6 所示。

视 频

设置Visual
Studio开发环境

图 1-6　开发及主题设置

在"开发设置"中可选择主要使用的开发语言，如"C# 语言"，在颜色主题设置中选择个性化的颜色主题。单击"启动 Visual Studio(S)"按钮完成软件的第一次运行。

2. 字体格式设置

（1）选择"工具"→"选项"命令，可对 Visual Studio 开发环境参数进行设置，如图 1-7 所示。

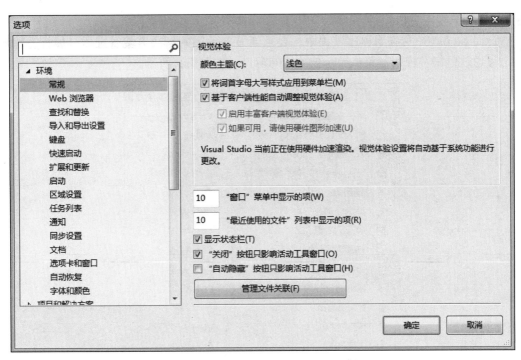

图 1-7　Visual Studio 参数设置

（2）选择左边"环境"选项中的"字体和颜色"，可对不同视图窗口中的字体格式进行设置，如图 1-8 所示。

图 1-8　Visual Studio 字体格式设置

3. 显示关闭视图窗口

在 Visual Studio 开发应用程序过程中，要重新显示关闭的解决方案管理器、属性、输出列表等窗口，可通过单击"视图"菜单显示被关闭的窗口，如图 1-9 所示。

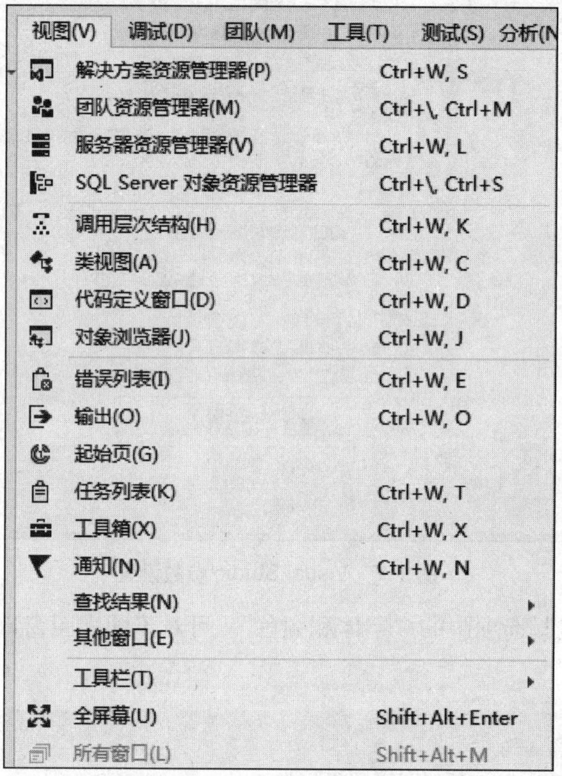

视图(V) 调试(D) 团队(M) 工具(T) 测试(S) 分析(N	
解决方案资源管理器(P)	Ctrl+W, S
团队资源管理器(M)	Ctrl+\, Ctrl+M
服务器资源管理器(V)	Ctrl+W, L
SQL Server 对象资源管理器	Ctrl+\, Ctrl+S
调用层次结构(H)	Ctrl+W, K
类视图(A)	Ctrl+W, C
代码定义窗口(D)	Ctrl+W, D
对象浏览器(J)	Ctrl+W, J
错误列表(I)	Ctrl+W, E
输出(O)	Ctrl+W, O
起始页(G)	
任务列表(K)	Ctrl+W, T
工具箱(X)	Ctrl+W, X
通知(N)	Ctrl+W, N
查找结果(N)	▶
其他窗口(E)	▶
工具栏(T)	▶
全屏幕(U)	Shift+Alt+Enter
所有窗口(L)	Shift+Alt+M

图 1-9　Visual Studio 显示关闭视图窗口

任务小结

（1）通过 Visual Studio 开发环境中的"工具"→"选项"命令可以对开发环境及项目进行个性化配置。

（2）通过 Visual Studio 开发环境中的"视图"菜单可以重新显示被关闭的视图窗口。

任务 3　创建 C# 项目

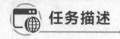

任务描述

C# 为 .NET 开发的常用语言，Visual Studio 开发环境主要用来进行 .NET 开发，.NET 应用程序以项目的形式进行创建，使用 Visual Studio 创建控制台应用程序项目并成功调试运行是学习 .NET 开发的第一步。

知识引入

（1）控制台应用程序：能够运行在 MS-DOS 环境中的程序。控制台应用程序没有类似于 Windows 窗口的可视化界面，主要是文本字符的输出，主要用来学习一门语言的基本语法结构及调试监控程序。

（2）"C#"为面向对象的程序设计语言，以项目的形式进行创建，一个控制台应用程序就是一个项目。

（3）解决方案：用来组织项目。一个解决方案可以由多个项目组成，解决方案名称可以与项目不同名。在新建一个应用程序项目时，解决方案名默认与第一个项目同名。

视 频
创建C#控制台项目

任务实现

1. 新建控制台项目

（1）选择"文件"→"新建"→"项目"命令，打开新建控制台项目对话框，如图 1-10 所示。

图 1-10 新建控制台项目

（2）在模板中选择 Visual C#，项目列表中选择"控制台应用程序"，输入项目名称和解决方案名称，选择存储位置，单击"确定"按钮。

【例 1-1】编写简单的程序，输出"Hello World!"。

```
using System;
namespace HelloWorld
{
```

```
class Program
{
    static void Main(string[] args)
    {
        Console.WriteLine ( "Hello World!");
    }
}
```

2. 运行控制台程序

选择"调试"→"开始调试"命令，可编译源程序，检查源程序代码错误，根据错误及提示修改源程序；选择"调试"→"开始执行（不调试）"命令，可直接执行源程序。控制台程序运行结果如图 1-11 所示。

图 1-11　控制台应用程序运行结果

 任务小结

（1）用 Visual Studio 开发应用程序时，将自动引用命名空间，引用命名空间的关键字为 using，System 命名空间支持 C# 输入/输出代码的执行。

（2）C# 程序开发以"解决方案"管理组织项目，一个解决方案可包含多个项目。

（3）C# 程序开发区分大小写。

（4）C# 应用程序代码编写过程中，除汉字外其他字符必须在英文输入法状态进行输入，包括标点符号。

知识拓展

1. .NET Framework

.NET Framework 是一个框架，是一个非常大的代码库，是支持生成和运行下一代应用程序和 XML Web Services 的内部 Windows 组件，运行 .NET 的计算机必须安装。

.NET Framework 是 Microsoft 为开发应用程序而创建的一个新平台，可以用来创建 Windows 窗体程序、Web 应用程序、Web 服务和其他各种类型的应用程序。Microsoft 和第三方提供的许多商业应用程序都依赖 .NET Framework 支持其核心功能。如果安装了 .NET Framework，则更容易安装这些应用程序。

.NET Framework 的设计理念保证它可以用于各种语言，包括C#、Visual Basic、C++、COBOL 等，用一种语言编写的程序经过编译，不需要任何代码修改，应用程序可以运行在任意有 .NET 框架实现的平台。

.NET Framework 从 2002 年发行 1.0 版本以来，经历了 1.1、2.0、3.0、3.5、4.0、4.5、4.6，目前新版本为 4.7。

2. .NET Framework 的体系结构

（1）公共语言运行时（Common Language Runtime，CLR）：它是 .NET Framework 的核心组件，是所有 .NET 程序语言公用的执行时期组件。它提供内存管理、线程管理和远程处理等核心服务，并且还强制实施严格的类型安全，以及可提高安全性和可靠性的其他形式的代码准确性。

在 CLR 执行源代码前，需要对源程序进行编译，编译由语言本身的编译器完成。在 .NET 中，编译分为两步：第一步是语言本身的编译器将源程序编译为 Microsoft 的中间语言（MSIL）；第二步是 CLR 将 MSIL 编译为机器代码，各种语言编译生成的机器代码通过 .NET Framework 技术实现代码复用和跨平台。

（2）.NET Framework 类库：.NET Framework 的另一个主要组件是类库（Frameworks Commonality Library，FCL），它是一个综合性的面向对象的可重用类型集合，用户可以使用它开发多种应用程序。这些应用程序包括传统的命令行或图形用户界面（GUI）应用程序，也包括基于所提供的最新创新的应用程序（如 Web 窗体和 XML Web services）。

在 .NET 开发中，应用程序实现的很多功能不需要用户编写大量代码，只需要直接调用框架类库中的类和方法即可实现。这些类和方法通过命名空间进行组织，命名空间将具有相关功能的一些类在结构上进行组织，要使用对应的类和方法必须引用所属的命名空间。引用命名空间的关键字为 using。

在 .NET Framework 中，所有的命名空间都是从 System 命名空间形成的，System 命名空间又称根命名空间，因此所有的 C# 源代码都以语句 using System; 开头。.NET Framework 的主要命名空间及功能如表 1-1 所示。

表 1-1　.NET Framework 的主要命名空间

命 名 空 间	主 要 功 能
System.IO	管理对文件和流的操作
System.Data	处理对数据库的操作
System.Threading	管理线程的操作
System.Net	管理网络协议的操作
System.Windows.Forms	管理 Windows 窗体的操作

3．C# 的 3 种注释符

（1）单行注释：　　　　　　　　　　//

（2）多行注释：　　　　　　　　　　/* 要注释的内容 */

（3）文档注释：　　　　　　　　　　/// 多用来解释类或者方法 ///

4．Visual studio 常见快捷键

（1）调用智能提示：　　　　Ctrl+J 或 Alt + →

（2）注释：　　　　　　　　Ctrl+K+C

（3）取消注释：　　　　　　Ctrl+K+U

（4）代码自动对齐：　　　　Ctrl+K+F

（5）全部注释：　　　　　　Ctrl+E，C

（6）全部取消注释：　　　　Ctrl+E，U

（7）重命名：　　　　　　　F2

（8）调试：　　　　　　　　F5

（9）开始执行（不调试）：　Ctrl+F5

项目总结

●···· 文档

项目1
实施评价表

（1）.NET Framework 包含两个主要组件：公共语言运行时（CLR）和 .NET Framework 类库（FCL）。

（2）.NET Framework 框架类库提供了大量的类和方法，在使用前通过关键字 using 引用命名空间，所有的命名空间都是从 System 命名空间形成的。

（3）.NET Framework 开发的首选语言为 C#，可以用来创建控制台程序、Windows 窗体程序、Web 应用程序、Web 服务和其他各种类型的应用程序。

（4）Visual Studio 是美国微软公司的开发工具包系列产品，是目前流行的 Windows 平台应用程序的集成开发环境。

常见问题解析

1. 安装 visual studio 时选择自定义安装,为什么在其他语言中没有"C# 语言"?

因为"C# 语言"是 Visual Studio 安装时默认安装语言环境,只要成功安装 Visual Studio 就会自动安装,所以在其他语言中没有"C# 语言"。而"C++"等语言属于选择安装语言,只有选中才会安装对应的语言环境。

2. 控制台程序为什么有时运行结果一闪而过?

运行结果一闪而过是因为运行程序时使用的是工具栏"启动调试"按钮的方式运行,可以选择"调试"→"开始执行(不调试)"命令执行程序,或者直接按 [Ctrl+F5] 组合键执行程序。也可以在调试执行程序过程中需要暂停的位置加上语句 Console.ReadKey();,则程序运行到该语句自动停止,按任意键后继续执行。

3. 为什么我的程序跟课本上一样,编译报错?

首先要阅读编译报错显示的错误信息,分析可能的原因,其次要注意程序代码编写过程中的标点符号。要特别注意双引号和分号是否为在英文输入法状态下输入的英文半角符号,如果输入的是中文全角,则程序编译会报错,如图 1-12 所示。

图 1-12　编译错误列表图

习　题

一、选择题

1. .NET Framework 的核心组件是(　　　　)。

　A. FCL　　　　　　　B. CLR　　　　　　　C. MSIL　　　　　　　D. JIT

2. .NET Framework 开发的首选语言是(　　　　)。

　A. C#　　　　　　　B. Java　　　　　　　C. C++　　　　　　　D. JavaScript

3. .NET Framework 的根命名空间是(　　　　)。

　A. System.Net　　　B. System.IO　　　　C. System.Data　　　D. System

4. 引入 .NET Framework 命名空间的关键字是(　　　　)。

　A. include　　　　　B. using　　　　　　C. this　　　　　　　D. namespace

二、简答题

1. 简述 .NET Framework 的主要组件及作用。

2. 简述 C# 应用程序的注释格式及用途。

三、实践题

某银行用户服务系统的主菜单为：

银行用户服务系统

****

        1.------ 查询

        2.------ 存款

        3.------ 取款

        4.------ 退出

****

编写 C# 控制台程序，实现输出以上菜单。

项目 2

联通手机充值系统

联通手机充值系统实现了联通手机余额查询、余额充值功能，模拟了联通用户客户端的查询、充值操作。

C# 作为一门面向对象程序设计语言，具有自己的特点。项目由语言本身的程序结构组成，程序结构主要包括顺序结构、选择结构、循环结构。通过项目的实现，有助于理解变量、常量、表达式、数组、选择结构程序设计、循环结构程序设计、方法等 C# 程序设计语法基础。

学习目标

- 掌握常量、变量的定义及使用。
- 掌握常用运算符的使用。
- 掌握选择结构、循环结构程序设计。
- 掌握数组的定义及使用。
- 掌握方法的定义及使用。

项目描述

联通手机充值系统模拟联通营业大厅客户端的充值、查询功能。

（1）首先要求输入用户名及密码，如图 2-1 所示。

（2）系统对信息进行验证，如果验证不通过，则要求再次输入；如果输入错误次数达到三次，系统则自动退出，如图 2-2 所示。

（3）验证通过则显示主菜单，如图 2-3 所示。

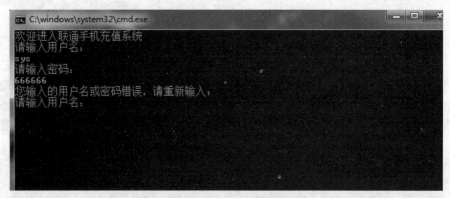

图 2-1 登录验证界面

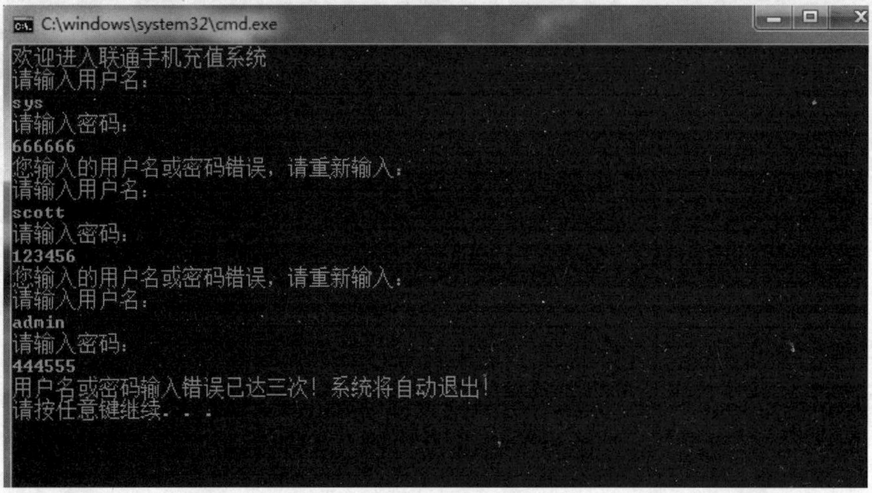

图 2-2 登录验证错误提示界面

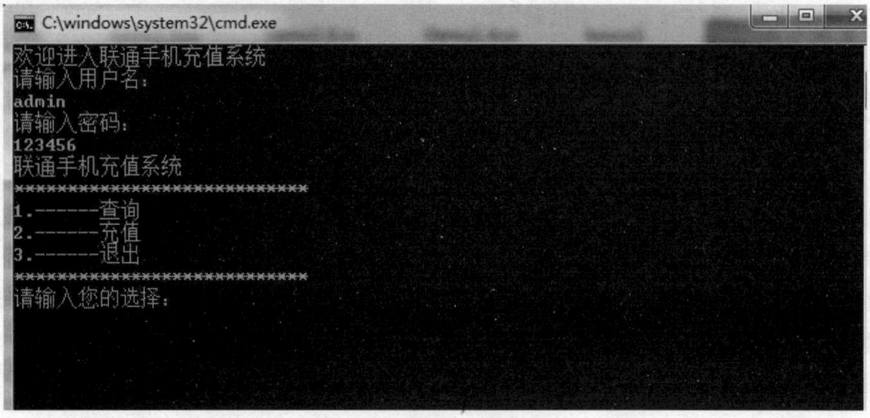

图 2-3 主菜单显示界面

（4）此时等待用户选择菜单，如果选择菜单不存在，则显示错误信息，系统退出，如图 2-4 所示。

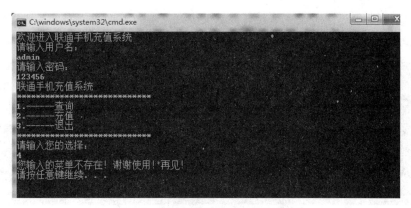

图 2-4 菜单选择输入错误提示界面

（5）如果选择菜单 1，则进入查询功能，要求输入查询的手机号，如果手机号不是联通手机号码或手机号不在初始化数据中，则显示错误信息，系统退出，如图 2-5 所示。

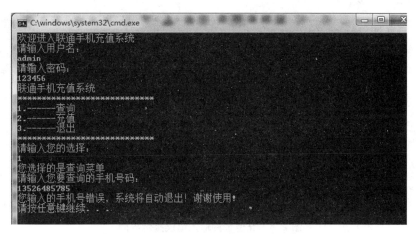

图 2-5 查询手机有效性验证错误提示界面

（6）如果手机号有效，则显示当前手机号的余额，显示完后等待用户再次选择菜单，如图 2-6 所示。

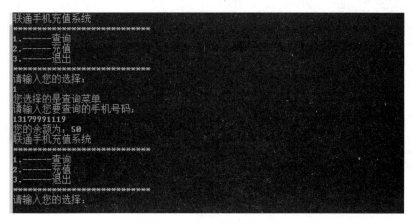

图 2-6 查询余额显示界面

（7）如果选择菜单 2，则进入充值功能，要求输入充值的手机号。如果手机号不是联通手机号码或手机号不在初始化数据中，则显示错误信息，系统退出，如图 2-7 所示。

图 2-7 充值手机有效性验证错误提示界面

（8）如果手机号有效，则要求输入充值的金额。如果输入金额数字无效，则显示错误信息，系统退出，如图 2-8 所示。

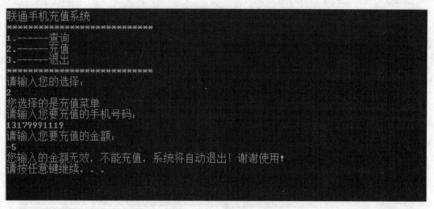

图 2-8 充值金额输入错误提示界面

（9）如果金额有效，则将输入的金额累加至当前手机号现有余额，显示充值成功信息，显示完后等待用户再次选择菜单，如图 2-9 所示。

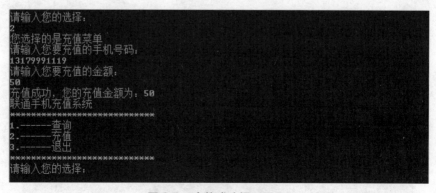

图 2-9 充值成功提示界面

（10）如果选择菜单 3，则系统正常退出，如图 2-10 所示。

图 2-10　系统退出提示界面

工作任务

- 任务 1：实现主菜单。
- 任务 2：验证登录。
- 任务 3：实现查询、充值功能。

任务 1　实现主菜单

任务描述

显示主菜单，当用户选择菜单后，执行菜单对应代码块。如果输入菜单不存在，则显示错误提示信息。

知识引入

1. C# 中的常量与变量

程序设计中的数据必须存储在计算机的内存单元，不同的数据存储在不同的位置，为保证不同数据的正确存、取，程序设计中为它们定义不同的名称，常量与变量对应这些名称，因此在程序设计中就必须定义不同的常量与变量来存储数据。常量和变量根据数据的使用场合对应不同的数据类型，每种数据类型占据的内存单元大小和数据范围各不相同。C# 预定义的数据类型如表 2-1 所示。

表 2-1　C# 预定义的数据类型表

数据类型标识符	说　明	默　认　值
int	32 位有符号整数	0
float	单精度浮点数	0.0F
double	双精度浮点数	0.0D
decimal	高精度浮点数	0.0M
byte	8 位无符号整数	0
short	16 位有符号整数	0

数据类型标识符	说　明	默 认 值
long	64 位有符号整数	0L
bool	布尔类型	false
char	字符类型	'\0'
string	字符串类型	null

（1）变量的定义：

```
类型标识符    变量名;
```

例如：

```
 int   i;
```

（2）变量的赋值。例如：

```
string    str = "admin";
char      flag = 'A';
int  n;  n = 100;
```

说明："="在 C# 中表示赋值，"=="表示等于。

（3）常量的定义与赋值。例如：

```
const   double   PI = 3.14;
```

（4）变量的输入。例如：

```
string   str = Console.ReadLine();
int  i = int.Parse(Console.ReadLine());
```

2. C# 中的表达式

（1）算术表达式。算术运算符包括：+、-、*、/、%、++、--、~。例如：

```
int a = 120;  a = b+20;
int  c = 100/5; c++;
```

【例 2-1】输入一个三位数，逆序输出该数，例如，输入 123 输出 321。

```
class Demo2_1
{
    static void Main(string[] args)
    {
        int i, a, b, c;
        Console.WriteLine("请输入一个三位数: ");
        i = int.Parse(Console.ReadLine());
        a = i / 100;
        b = i / 10 % 10;
        c = i % 10;
        Console.WriteLine("逆序输出为: " + c + b + a);
    }
}
```

（2）关系表达式。关系运算符包括：>、<、>=、<=、==、!=。例如：

```
a >= 120;
b == c;
```

（3）逻辑表达式。逻辑运算符：&&、||、!。例如：

```
a>b&&b>c      !(a>100)
```

（4）赋值表达式。赋值运算符：=、+=、-+、*=、/=、%=。例如：

```
a+=20;        b*=3;
```

（5）条件运算表达式。条件运算符：? :。例如：

```
int  a=100,b=80,c;
c=a>b?a:b;
```

3. 选择结构程序设计

在程序设计过程中，如果需要对某个条件进行判断，在满足条件的情况下才执行特定操作，不满足条件则不执行特定操作或执行其他操作，则需要使用选择结构进行程序设计。

（1）if 语句。格式如下

```
if( 条件表达式 )
   { 代码块 }
```

【例 2-2】输入三个整数，从大到小输出。

```
class Demo2_2
{
    static void Main(string[] args)
    {
        int a, b, c, t;
        Console.WriteLine(" 请输入三个整数： ");
        a = int.Parse(Console.ReadLine());
        b= int.Parse(Console.ReadLine());
        c= int.Parse(Console.ReadLine());
        if(a<b)
        { t = a; a = b; b = t; }
        if(a<c)
        { t = a; a = c; c = t; }
        if(b<c)
        { t = b; b = c; c = t; }
        Console.WriteLine(" 从大到小输出为： ");
        Console.WriteLine(a+","+b+","+c);
    }
}
```

（2）if...else 语句。

格式一：

```
if( 条件表达式 )
{ 代码块 }
 else
{ 代码块 }
```

格式二：

```
if ( 条件表达式 )
{ 代码块 }
else if( 条件表达式 )
{ 代码块 }
else  if( 条件表达式 )
{ 代码块 }
...
```

```
else
{  代码块 }
```

（3）switch 语句。格式如下：

```
switch(常量)
{
    case  值1:
            语句块
            break;
    case  值2:
            语句块
            break;
    case  值3:
            语句块
            break;
    ...
    default:
            语句块
            break;
}
```

• 视 频

if语句

任务实现

分别使用 if 语句和 switch 语句编程实现主菜单选择。

1. if 语句应用

【例 2-3】用 if 语句实现主菜单的选择。

```
class Demo2_3
{
    static void Main(string[] args)
    {
        Console.WriteLine(" 联通手机充值系统 ");
        Console.WriteLine("****************************");
        Console.WriteLine("1.------ 查询 ");
        Console.WriteLine("2.------ 充值 ");
        Console.WriteLine("3.------ 退出 ");
        Console.WriteLine("****************************");
        Console.WriteLine(" 请输入您的选择:  ");
        int i;
        i = int.Parse(Console.ReadLine());
        if(i == 1)
        {
            Console.WriteLine(" 您选择的是查询菜单 ");
        }
        else if(i == 2)
        {
            Console.WriteLine(" 您选择的是充值菜单 ");
        }
        else if(i == 3)
        {
            Console.WriteLine(" 谢谢使用! 再见! ");
        }
        else{
```

```
Console.WriteLine(" 您输入的菜单不存在！谢谢使用！再见！ ");
                                                        }
                 }
}
```

2. switch 语句应用

视 频 ●⋯⋯

【例 2-4】用 switch 语句实现主菜单的选择

switch语句

```
class Demo2_4
{
    static void Main(string[] args)
    {
        Console.WriteLine(" 联通手机充值系统 ");
        Console.WriteLine("***************************");
        Console.WriteLine("1.------ 查询 ");
        Console.WriteLine("2.------ 充值 ");
        Console.WriteLine("3.------ 退出 ");
        Console.WriteLine("***************************");
        Console.WriteLine(" 请输入您的选择:  ");
        int i;
        i = int.Parse(Console.ReadLine());
        switch (i)
        {
            case 1:
            Console.WriteLine(" 您选择的是查询菜单 ");
                break;
            case 2:
            Console.WriteLine(" 您选择的是充值菜单 ");
                break;
            case 3:
            Console.WriteLine(" 谢谢使用！再见！ ");
                break;
            default:
            Console.WriteLine(" 您输入的菜单不存在！谢谢使用！再见！ ");
                break;
        }
    }
}
```

任务小结

（1）常量和变量必须定义后才能使用，不同的数据类型对应不同大小的存储单元。

（2）不同的数据类型之间的赋值要进行类型转换。

（3）选择结构程序设计在执行过程中某一时刻只会执行其中的一个分支。

任务 2 验证登录

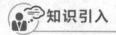
任务描述

进入系统后要求输入用户名及密码，用户名为 admin，密码为 123456。如果用户名或密码输入错误，则输出错误提示信息并累计错误次数；如果错误次数达到三次，系统提示"用户名或密码输入错误已达三次！系统将自动退出！"，系统自动退出；如果用户名及密码输入正确，则显示"欢迎进入联通手机充值系统"。

知识引入

1. 循环结构程序设计

在程序设计过程中，如果在满足某个条件的情况下，需要重复执行特定操作多次，则需要用到循环结构进行程序设计，因此循环结构又称重复结构。

（1）while 语句。格式如下：

视频

while语句

```
while( 条件表达式)
{
    代码块
}
```

【例 2-5】求 1+2+3+…+100。

```
class Demo2_5
{
    static void Main(string[] args)
    {
        int sum, i;
        sum = 0;i = 1;
        while (i <= 100)
        {
            sum += i;
            i++;
        }
        Console.WriteLine("1+2+3+…+100="+sum);
    }
}
```

（2）do...while 语句。格式如下：

```
do {
    代码块
} while( 条件表达式);
```

注意：do...while 语句中代码块至少执行一次，而 while 语句中代码块可能一次也不执行。

(3)for 语句。格式如下：

```
for( 表达式 1: 表达式 2: 表达式 3)
    代码块
}
```

【例 2-6】求 1*2*3*…*10。

```
class Demo2_6
{
    static void Main(string[] args)
    {
        int p = 1, i;
        for(i = 1;i< = 10;i++)
        {
            p *= i;
        }
        Console.WriteLine("1*2*3*…*10=" + p);
    }
}
```

任务实现

编程实现登录验证：

【例 2-7】通过 while 语句编程实现登录验证。

```
class Demo2_7
{
    static void Main(string[] args)
    {
        int i=1;
        string userName, pwd;
        Console.WriteLine(" 欢迎进入联通手机充值系统 ");
        Console.WriteLine(" 请输入用户名:  ");
        userName = Console.ReadLine();
        Console.WriteLine(" 请输入密码:  ");
        pwd = Console.ReadLine();
        while (i<3)
        {
            if(userName.Equals("admin")&&pwd.Equals("123456"))
            {
                Console.WriteLine(" 欢迎进入联通手机充值系统 ");
                break;
            }
            else
            {
                Console.WriteLine(" 您输入的用户名或密码错误，请重新输入:  ");
                Console.WriteLine(" 请输入用户名:  ");
                userName = Console.ReadLine();
                Console.WriteLine(" 请输入密码:  ");
                pwd = Console.ReadLine();
                i++;
            }
            if(i>2)
            {
                Console.WriteLine(" 用户名或密码输入错误已达三次！系统将自动退出！ ");
            }
        }
    }
}
```

任务小结

(1) 以循环结构程序设计实现在满足一定条件下需要重复执行一段代码块的操作。

(2) 不同循环结构语句之间可以相互转换。

(3) break 语句可以提前终止整个循环，continue 语句可以提前终止本次循环。

任务3 实现查询、充值功能

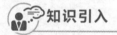 **任务描述**

用户名和密码验证通过后，系统显示主菜单。如果用户选择查询菜单，则要求用户输入要查询的手机号，系统对手机号进行验证，验证不通过，提示错误信息，验证通过，显示当前手机号对应余额。如果用户选择充值菜单，则要求用户输入要充值的手机号，系统对手机号进行验证，验证不通过，提示错误信息，验证通过，要求输入充值金额，系统对金额数据进行判断。如果数据无效，提示错误信息；如果数据有效，则将输入的充值金额累加到当前手机用户余额中。

知识引入

1. 数组

在程序设计中，对于同一类型相关联的一组数，如果分别为每一个数定义一个变量名，既不利于程序的易读性，也不利于表达一组数据之间的相互关系，这时，可以使用数组来定义这些数据。

数组的定义：

数据类型 [数组长度]　　数组名
例如：
`int[] a;　　int [] arr = new int[5]; int[]b = new int[]{1,2,3}`

视频

数组定义

【例 2-8】输入 5 名评委给选手的评分，去掉一个最高分，去掉一个最低分，其他评分求平均分作为选手的最后得分，输出选手的最终成绩。

```
class Demo2_8
{
    static void Main(string[] args)
    {
        float[] score = new float[5];
        float max,min, result, sum=0;
        Console.WriteLine("请输入 5 名评委的评分: ");
        for(int i=0;i<score.Length;i++)
        {
            score[i] = float.Parse(Console.ReadLine());
        }
        max = min = score[0];
        for(int i = 0; i < score.Length; i++)
```

```
        {
            sum += score[i];
            if(max<score[i])
            { max = score[i]; }
            if (min > score[i])
            { min = score[i]; }
        }
        result = (sum - max - min) / 3;
        Console.WriteLine(" 去掉一个最高分 :"+max+ " 分, 去掉一个最低分 :"+min+" 分 ");
        Console.WriteLine(" 选手最后得分为:  "+result+" 分 ");
    }
}
```

2. 字符串函数

（1）ToLower()：得到字符串的小写形式。

（2）ToUpper()：得到字符串的大写形式。

（3）Trim()：去掉字符串两边的空白字。

（4）Substring(index,length)：获取从字符串 index 位置开始，长度为 length 的子字符。

（5）IndexOf(char value)：获取字符串第一次出现 value 字符的位置。

（6）Equals()：判断两个字符串是否相同。如果用"=="判断两个字符串是否相同，则不区别大小写。

3. 方法

在程序设计过程中，如果相同的一系列语句或具有选定功能的一段代码块在整个项目中需要重复使用多次，为了提高程序的易读性及代码块的复用性，应该将该代码块定义为一个方法。当代码块定义为方法后，可以达到定义一次、调用多次的效果，而调用方法只需要一条简单的语句。

方法的定义：

```
[修饰符] 方法的返回值   方法名（[方法的参数列表]）
{
    代码块
}
```

方法的调用：

方法名（[实参值]）

视 频

方法定义

注意：方法的参数传递分为值传递和引用传递，基本数据类型作实参进行传递是值传递，传递的是值，形参值的改变不影响实参的值；数组作为实参进行传递是引用传递，传递的是数组在内存中存储的地址，方法执行后，实参数数组与形参数组共用同一存储空间，因此数组作参数时，形参值的改变会影响实参值。

【例 2-9】定义一个方法求两个数的较大值，输入两个数，调用该方法输出较大值。

```
class Demo2_9
{
    public static int maxNumber(int a,int b)
    {
        return (a>b?a:b);
    }
    static void Main(string[] args)
    {
        int a, b;
```

```
        Console.WriteLine("请输入两个数:  ");
        a = int.Parse(Console.ReadLine());
        b = int.Parse(Console.ReadLine());
        Console.WriteLine("较大值为:  "+maxNumber(a,b));
    }
}
```

 任务实现

1. 定义初始化数据方法

静态方法,返回值为数组,在方法内部使用字符串数组模拟已有数据,元素存储形式为字符串"手机号,余额"。在程序设计中使用 Substring() 方法分别获取手机号和余额。

```
public static string[] init(){ … }
```

2. 定义手机号有效性验证方法

静态方法,返回值为整数,如果手机号码不是联通手机号码或手机号码不在初始化数据中,则返回值为 -1,否则返回值为该手机号在初始化数据中的下标。

```
public static int testPhone(string phone,string[] unicomData)
{ … }
```

3. 定义查询方法

静态方法,没有返回值,实现余额查询功能,要求输入手机号,调用手机号有效性验证方法。如果手机号码有效,则输出该手机号余额。

```
public static void chaxun( string[] unicomData)
{ … }
```

4. 定义充值方法

静态方法,没有返回值,实现余额查询功能,要求输入手机号,调用手机号有效性验证方法。如果手机号码有效,则要求输出充值金额,如果充值金额有效,则将充值金额累加至该手机号现有余额。

```
public static void chonzhi( string[] unicomData)
{ … }
```

5. 定义主菜单方法

静态方法,没有返回值,实现菜单的输出,当选择菜单 1 时,调用查询方法,当选择菜单 2 时调用充值方法。

```
public static void menu(string[] unicomData)
{ … }
```

6. 定义登录方法

静态方法,没有返回值,实现登录验证功能,如果登录验证通过,调用主菜单,输出主菜单供用户选择。

```
public static void load(string[] unicomData)
{ … }
```

7. 编写调试程序

【例 2-10】新建控制台项目,项目名 lesson2,解决方案名 lesson2,添加类 Demo2_10,设置启动对象为 Demo2_10 编写调试程序。

```csharp
using System;
namespace lesson2
{
    class Demo2_10
    {
        /// <summary>
        ///  方法 -- 数据初始化
        /// </summary>
        public static string[] init()
        {
            string[] unicomData = new string[5];
            unicomData[0] = "13071991110,100";
            unicomData[1] = "13179991119,50";
            unicomData[2] = "15578881120,70";
            unicomData[3] = "15677771112,120";
            unicomData[4] = "13271991117,30";
            return unicomData;
        }
        /// <summary>
        /// 方法 -- 手机号码有效性验证
        /// </summary>
        /// <param name="phone"></param>
        /// <param name="unicomData"></param>
        /// <returns></returns>
        public static int testPhone(string phone,string[] unicomData)
        {
            int result=-1,i;
            string[] subphone = new string[]{ "130", "131", "132", "145",
"155", "156", "166", "171", "175", "176", "185", "186" };
            for(i=0;i<subphone.Length;i++)
            {
                if(phone.Length==11&&phone.Substring(0,3).Equals(subphone[i]))
                {
                    break;
                }
            }
            if(i < subphone.Length)
            {
                for(int j=0;j<unicomData.Length;j++)
                {
                    if (phone.Equals(unicomData[j].Substring(0, 11))){
                        result = j;
                        break;
                    }
                }
            }
            return result;
        }
        /// <summary>
        /// 方法 -- 查询菜单实现
        /// </summary>
        /// <param name="unicomData"></param>
```

```
public static void chaxun( string[] unicomData)
{
    string phoneCode;
    Console.WriteLine(" 您选择的是查询菜单 ");
    Console.WriteLine(" 请输入您要查询的手机号码:  ");
    phoneCode = Console.ReadLine();
    int i = testPhone(phoneCode, unicomData);
    if ( i == -1)
    {
     Console.WriteLine(" 您输入的手机号错误，系统将自动退出！谢谢使用！");
    }
    else
    {
        Console.WriteLine(" 您的余额为:  "+ unicomData[i].Substring(12));
        menu(unicomData);
    }
}
/// <summary>
/// 方法 -- 充值菜单实现
/// </summary>
/// <param name="unicomData"></param>
public static void chonzhi( string[] unicomData)
{
    string phoneCode;
    Console.WriteLine(" 您选择的是充值菜单 ");
    Console.WriteLine(" 请输入您要充值的手机号码:  ");
    phoneCode = Console.ReadLine();
    int i = testPhone(phoneCode, unicomData);
    if(i == -1)
    {
        Console.WriteLine(" 您输入的手机号错误，系统将自动退出！谢谢使用！");
    }
    else
    {
        Console.WriteLine(" 请输入您要充值的金额:  ");
        int num =int.Parse(Console.ReadLine());
        if(num < 0)
        {
            Console.WriteLine(" 您输入的金额无效，不能充值，系统将自动退出！谢
            谢使用！");
        }
        else
        {
            Console.WriteLine(" 充值成功，您的充值金额为:  "+num);
            num += int.Parse(unicomData[i].Substring(12));
            unicomData[i] = unicomData[i].Substring(0, 12) + num;
            menu(unicomData);
        }
    }
}
/// <summary>
/// 方法 -- 主菜单
/// </summary>
/// <param name="unicomData"></param>
```

```
public static void menu(string[] unicomData)
{
    Console.WriteLine(" 联通手机充值系统 ");
    Console.WriteLine("***************************");
    Console.WriteLine("1.------ 查询 ");
    Console.WriteLine("2.------ 充值 ");
    Console.WriteLine("3.------ 退出 ");
    Console.WriteLine("***************************");
    Console.WriteLine(" 请输入您的选择:  ");
    int i;
    i = int.Parse(Console.ReadLine());
    switch (i)
    {
        case 1:
            chaxun(unicomData);
            break;
        case 2:
            chonzhi(unicomData);
            break;
        case 3:
            Console.WriteLine(" 谢谢使用！再见！ ");
            break;
        default:
            Console.WriteLine(" 您输入的菜单不存在！谢谢使用！再见！ ");
            break;
    }
}
/// <summary>
/// 方法 -- 登录
/// </summary>
/// <param name="unicomData"></param>
public static void load(string[] unicomData)
{
    int i = 1;
    string userName, pwd;
    Console.WriteLine(" 欢迎进入联通手机充值系统 ");
    Console.WriteLine(" 请输入用户名:  ");
    userName = Console.ReadLine();
    Console.WriteLine(" 请输入密码:  ");
    pwd = Console.ReadLine();
    while (i < 3)
    {
        if (userName.Equals("admin") && pwd.Equals("123456"))
        {
            menu(unicomData);
            break;
        }
        else
        {
            Console.WriteLine(" 您输入的用户名或密码错误，请重新输入:  ");
            Console.WriteLine(" 请输入用户名:  ");
            userName = Console.ReadLine();
            Console.WriteLine(" 请输入密码:  ");
            pwd = Console.ReadLine();
```

```
                    i++;
                }
            }
        if(i > 2)
        {
        Console.WriteLine(" 用户名或密码输入错误已达三次！系统将自动退出！ ");
        }
        }
        static void Main(string[] args)
        {
            string[] unicomData = init();
            load(unicomData);
        }
    }
}
```

任务小结

（1）数组表示相同类型的一组数，数组的下标由 0 开始。

（2）方法是用来组织具有一定功能的代码块。方法在定义后可以通过语句进行调用，提高代码的复用性。

知识拓展

1. 设置启动项目

在一个解决方案中包含多个项目时，可以指定其中一个项目为启动项目，解决方案运行时从启动项目开始运行。在解决方案资源管理器视图中右击要设置为启动项目的项目名，在弹出的快捷菜单中选择"设为启动项目"，如图 2-11 所示。

2. 设定启动对象

在一个项目中，项目运行默认为运行类 Program，如果要运行其他类，可以设置启动对象。在解决方案资源管理器视图中右击要设置启动对象的项目，在弹出的快捷菜单中选择"属性"命令，在属性窗口中选择"启动对象"，保存，如图 2-12所示。

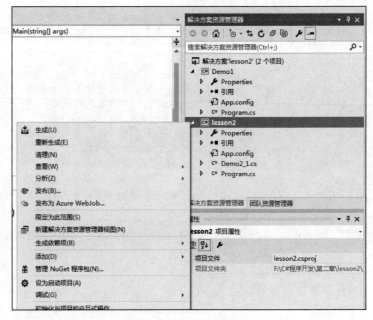

图 2-11　设定启动项目图

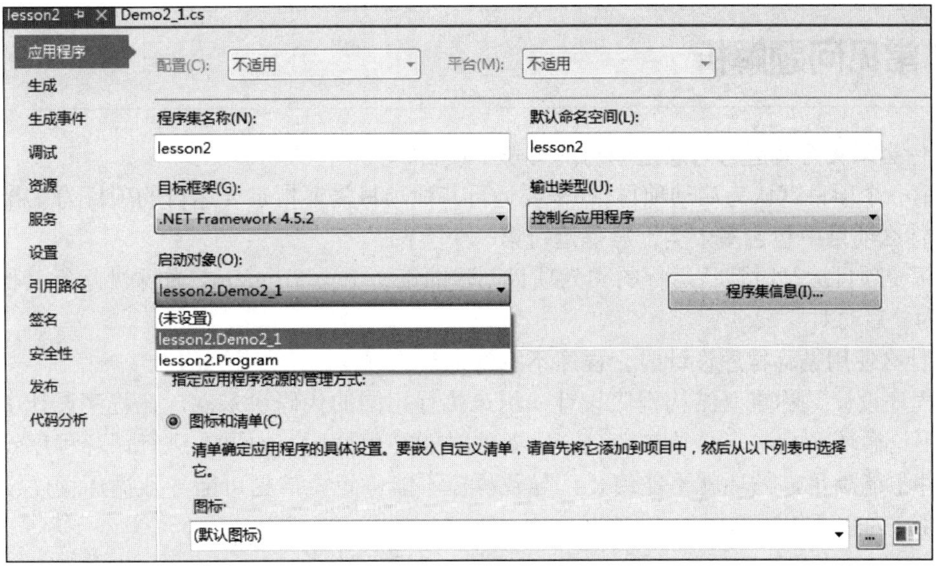

图 2-12　设置启动对象

3. 空语句

"；"在 C# 程序设计中作为语句的结束符号，如果一条语句只有一个"；"，则该语句为空语句。例如：

```
for( ; ;)
{ … }
int  i = 1;
while(i++<5);
```

4. foreach 循环

格式如下：

```
foreach( 类型   变量名   in   集合或数组)
{   代码块  }
```

foreach 循环会循环取出集合或数组中每个元素的值，使用该值循环执行代码块。例如：

```
int [] a=new int{1,2,3,4,5};
foreach(int num  in  a)
{
    Console.WriteLine(num);
}
```

项目总结

（1）"C#"控制台程序由流程结构组成，流程结构主要包括顺序结构、选择结构、循环结构。

（2）常量和变量必须先定义后使用，常量和变量在定义时需要指定数据类型，常量的值不能改变，不同数据类型值可以相互转换。

（3）数组用来组织管理相同类型相关联的一组数，数组的下标由 0 开始。

（4）方法定义一次，可调用多次。

文档•······

项目2
实施评价表

常见问题解析

1. 为什么解决方案运行时总是运行的第一个项目?

因为第一个项目默认为启动项目,如果要运行其他项目需要指定要运行的项目为"启动项目"。

2. 为什么项目中包含多个类,总是运行第一个类?

因为每个项目运行时默认运行的类为项目创建的第一个类 Program,如果要运行其他类,需要指定该类为"启动对象"。

3. 为什么使用循环程序设计时,程序不能停止?

循环程序设计又称重复结构程序设计,用来执行相同的代码块多次,在程序设计中不能出现死循环;不论循环多少次,必须在满足一定条件时能终止循环。如果在进行循环程序设计时,终止循环条件不能满足,循环就不能终止,导致程序不能停止。常见可能导致循环程序设计不能停止的错误经常为空语句。例如:

```
(1)int   i = 1,sum = 0;
   while(i<=100);
   {
       sum+=i;
       i++;
   }
(2)int   sum=0;
   for(int i = 1;i <= 100;i++);
   {
       sum+=i;
   }
```

习 题

一、选择题

1. 下列可以用来终止整个循环的是 (   )。

    A. while   B. break   C. default   D. if

2. 下列为合法变量名的是 (   )。

    A. void   B. _num1   C. 3i   D. sum.1

3. 下列程序段输出的结果是 (   )。

```
int i=1;
if(i++>=1)
{
    i+=2;
}
```

Console.WriteLine(i);

    A. 1   B. 2   C. 3   D. 4

4. 下列程序段输出的结果为（　　　）。

```
int  i=1,sum=0;
while(i++>=1&&i<=100);
{
    sum+=i;
    i++;
}
Console.WriteLine(sum);
```

    A. 100   B. 101   C. 5050   D. 2

5. 下列程序段输出的结果为（　　　）。

```
int i = 0, sum = 0;
while (i++ < 100)
{ if (i == 50)
    { continue;
    }
    sum += i;
}
Console.WriteLine(sum);
```

    A. 5000   B. 5001   C. 5050   D. 5051

二、简答题

1. 简述 while 语句与 do…while 语句的区别。

2. 简述 break 与 continue 的区别。

三、实践题

1. 输入 4 个整数，从大到小输出。

2. 输入一个年份，判断是否是"闰年"并输出判断结果。

3. 输入一个整数，判断该数是否为素数。

4. 输入一个字符串，统计大写字母、小写字母、数字的个数。

项目 3

银行卡开户管理

一般银行账户分为：借记卡账户和信用卡账户，银行卡开户管理项目实现了银行新账户开户，模拟了 ATM 机上的存款、取款和余额查询操作。

为解决早期面向过程语言基于模块设计方式，导致软件修改困难等缺陷，面向对象的技术应运而生，它是一种强有力的软件开发方法，它将数据和对数据的操作（数据和操作该数据的方法）作为一个相互依赖、不可分割的整体，力图使对现实世界问题的求解简单化。它符合人们的思维习惯，同时有助于控制软件的复杂性，提高软件的生产效率，从而得到广泛的应用，已成为目前最为流行的一种软件开发方法。

C# 作为面向对象程序设计语言代表之一，项目由 C# 面向对象语言完成。通过项目的实现，有助于理解类和对象的定义、成员变量和方法、构造方法、继承和多态等 C# 面向对象基础和应用。

学习目标

- 掌握类的概念和定义。
- 掌握对象的意义和实例化对象。
- 掌握成员方法的定义。
- 掌握构造方法的定义和作用。
- 掌握继承的概念及使用。
- 掌握多态的概念及使用。

项目描述

借记卡账户：指先存款后消费（或取现），没有透支功能的银行卡，即存储卡账户。

信用卡账户：信用卡是一种非现金交易付款的方式，是简单的信贷服务。在借记卡功能的基础上可以透支，但是有透支额度，即透支只能在一定的金额范围内透支。

银行卡开户管理项目实现了银行新账户开户，模拟了 ATM 机上的存款、取款和余额查询功能。

相关功能介绍如下：

（1）显示欢迎使用银行系统，要求用户进行开户或登录，如图 3-1 所示。

图 3-1　用户开户／登录界面

（2）用户首先选择开户功能，系统显示选择开户类型：借记卡账户和信用卡账户供用户选择将要开户的账户类型，也可选择退出系统，如图 3-2 所示。

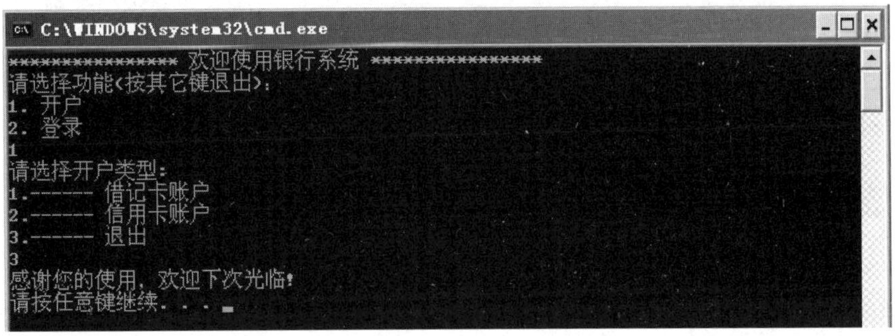

图 3-2　用户开户类型提示界面

（3）如果选择"借记卡账户"开户菜单，则显示借记卡账户用户输入开户信息提示，用户正确输入相关信息后，显示用户开户成功及相关开户信息，如图 3-3 所示。

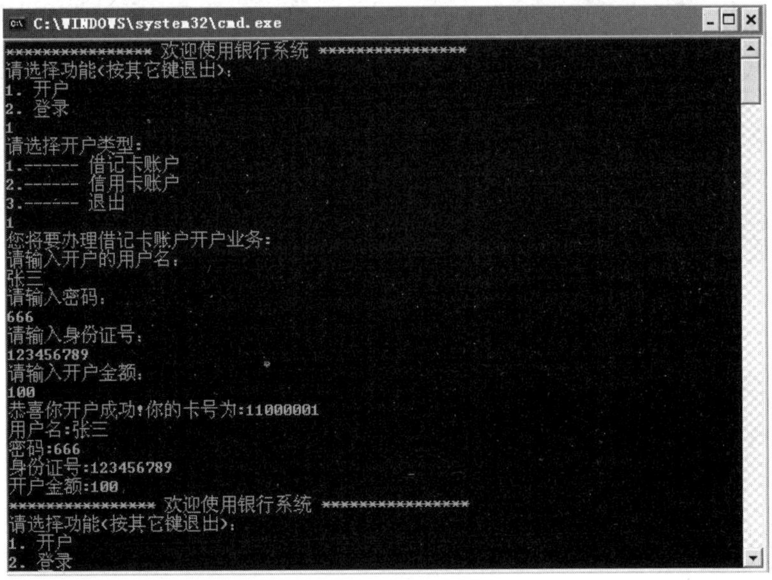

图 3-3　用户借记卡账户开户成功界面

（4）如果选择信用卡账户开户菜单，显示信用卡账户用户输入开户信息提示。用户正确输入相关信息后，显示用户开户成功及相关开户信息，如图3-4所示。

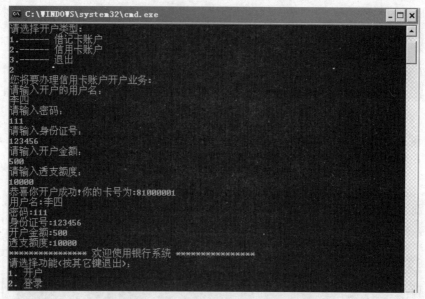

图3-4　用户信用卡账户开户成功界面

（5）如果继续选择主菜单2，则进入登录功能，要求输入登录的用户名和密码，用户输入正确的用户名和密码后，进入银行卡存款、取款和查询余额菜单，如图3-5所示。

图3-5　用户登录成功后提示界面

- 当用户输入1时，则进入存款功能，此时要求用户输入存款金额。用户输入正确存款金额后，系统提示存款成功，并回到主菜单，如图3-6所示。
- 当用户输入2时，则进入取款功能，此时要求用户输入取款金额。用户输入正确取款金额后，系统提示取款成功，并回到主菜单，如图3-7所示。
- 当用户输入3时，则进入查询余额功能，则能看到已经改变后的账户金额并回到主菜单，如图3-8所示。
- 如果输入1或2以外的数，则系统正常退出，如图3-9所示。

图 3-6　用户存款成功显示界面

图 3-7　用户取款成功显示界面

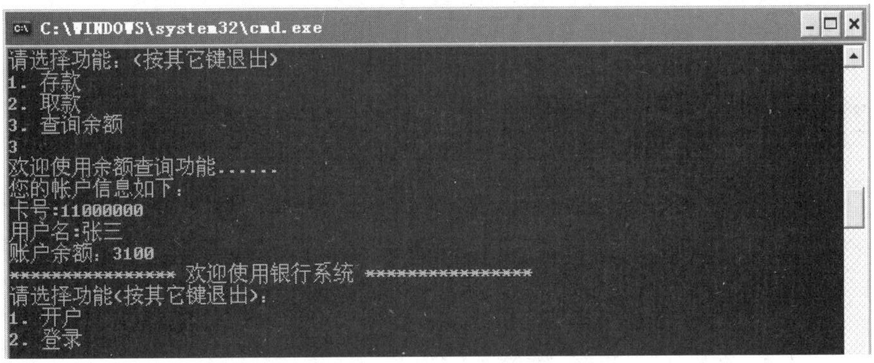

图 3-8　查询余额显示界面

图 3-9　系统退出提示界面

工作任务

- 任务 1：定义银行业务类。
- 任务 2：定义银行卡账户类。
- 任务 3：实现银行卡账户开户。

任务 1　定义银行业务类

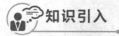 **任务描述**

定义银行业务类的成员变量和方法，实现主菜单显示。当用户选择菜单后，执行菜单对应代码块，如果输入菜单不存在，则退出系统。

知识引入

面向对象程序设计 (Object Oriented Programming) 是一种软件开发方法，是一种对现实世界理解和抽象的方法，是计算机编程技术发展到一定阶段后的产物。在面向对象的程序设计中，包括了类、对象、继承、封装、多态性等概念。

视频

类

现实世界中的每一个东西（万事万物），既具有独特的特征（数据），又具有独特的行为（方法），那么面向对象语言就必须把事物的特征和行为定义在一起，这个概念和语法就是类。

1. 类的定义

【例 3-1】定义一个 Person 类，包含相应的成员变量和成员方法。

```
Class   Person
{   // 成员变量（属性 / 字段）
    public string name;       // 姓名
    public string sex;        // 性别
    public int age;           // 年龄
    public void sleep()       // 成员方法
    {
        Console.WriteLine("是人都要睡觉！");
    }
    public void show()        // 成员方法
    {
        Console.WriteLine("姓名：" + name);
        Console.WriteLine("性别：" + sex);
        Console.WriteLine("年龄：" + age);
    }
}
```

上例代码演示了如何定义一个类，class 就是定义一个类的关键字，class 后面紧接着就是定义的类的名字，这里定义了一个名为 Person 的类。类名后面是一对大括号，括号内部定义了能存储该类特征（数据）的变量——name、sex 和 age，分别储一个人的姓名性别和年龄。public 关键字表示成员变量或成员方法的访问修饰符，在后面会详细学习这个关键字的作用和意义。在定义了 3 个成员变量后，接下来定义了 sleep（）和 show( ) 方法，描述该类具有的行为——睡觉和显示信息。

定义类的意义（面向对象语言贴近现实世界的原因）。提到"类"这个字，大家就会联系到许多词，如类别、分类、物以类聚等。世界上万事万物都是可以归为某一类的，例如，鲨鱼属于鱼类。平时说的类，就是把具有相同特点和行为的事物进行定义和归纳。

类定义好以后，还不能在代码中直接发挥作用，这要涉及另外一个概念和语法——对象。

2. 对象的定义

类是一种抽象，而对象则是实例，是具体的。

视频
对象

把程序中要操作的具有相同数据和方法的"对象"归纳起来，定义成类。但是，如果想要执行类中的方法（如学生类的 sleep() 方法），访问里面的变量，就会发现执行不了，必须要用类来定义一个对象（专业术语叫作实例化对象），才能执行类中的方法，才能给其中的变量赋值。例如：

```
Person  p1;              // 声明对象
p1 = new Person();       // 实例化对象
```

3. 成员方法

成员方法是定义在类内部的方法，反映这个类具有的行为。在上例中，Person 类就有一个成员方法。

在 Person 类中，需要注意 4 个要素：public——访问修饰符；void——返回值类型，该方法没有返回值；Sleep——方法名；一对圆括号里面的参数列表。一共由 4 个部分组成，语法格式如下：

```
[访问修饰符] 返回类型 <方法名>(<参数列表>)
{
    //方法体
}
```

【例 3-2】实例化一个 Person 类的对象和调用类中的方法。

```
class Program
{
    static void Main(string[] args)
    {
        // 实例化对象，调用方法
        Person p1;              // 声明对象
        p1 = new Person();      // 实例化对象，作用：只有对象才能访问类的成员
        p1.name = "刘邦";       // 设置对象属性（name）的值
        p1.sex = "男";
        p1.age = 32;
        Console.WriteLine("******** 调用对象p1的成员方法 ************");
        p1.show();
        p1.sleep();             // 调用对象p1的成员方法 sleep()
        Person p2 = new Person();  // 声明并实例化对象
        p2.name = "毛毛";
        p2.sex = "女";
        p2.age = 18;
        Console.WriteLine(" * ******* 调用对象p2的成员方法 * ***********");
        p2.show();
    }
}
```

任务实现

实现银行业务类和主菜单选择。

【例 3-3】使用类和对象，实现银行业务类和主菜单选择。

```
class Bank   // 银行业务类
{
    protected static List<Account> list = new List<Account>(); // 使用泛型集合存
放账户
    private static long i = 11000000;  // 指借记卡卡号，每增加一个用户，i 自增 1
    private static long j = 81000000;  // 指信用卡卡号，每增加一个用户，j 自增 1
    // 开户成员方法
    public void openAccount()
    {
        Console.WriteLine(" 这是实现银行卡账户开户的方法 ...");
    }
    // 登录成员方法
    public void login()
    {
        Console.WriteLine(" 这是实现用户登录的方法 ...");
    }
    // 存款成员方法
    public void  saveMoney(Account at)
    {
        Console.WriteLine(" 这是实现用户存款的方法 ...");
    }
    // 取款成员方法
    public void  takeMoney(Account at)
    {
        Console.WriteLine(" 这是实现用户取款的方法 ...");
    }
    // 查询余额成员方法
    public void loopMoney(Account at)
    {
        Console.WriteLine(" 这是实现用户查询余额的方法 ...");
    }
}
// 实现系统主菜单类
class Program
{
    static void Main(string[] args)
    {
        Bank bk = new Bank();              // 实例化对象
        int choice;
        do
        {
            Console.WriteLine("********** 欢迎使用银行系统 **********");
            Console.WriteLine(" 请选择功能 ( 按其他键退出 ):  ");
            Console.WriteLine("1. 开户 ");
            Console.WriteLine("2. 登录 ");
            choice = Convert.ToInt32(Console.ReadLine());
            if (choice != 1 && choice != 2 )
            {
```

```
                Console.WriteLine(" 感谢您的使用，欢迎下次光临！");
                break;
        }
        switch (choice)
        {
            case 1:
                bk.openAccount();
                break;
            case 2:
                bk.login();
                break;
        }
    } while (choice != 0);
    }
}
```

 任务小结

（1）类是 C# 一种自定义数据类型，反映了一组相似事物（对象）共同具有的数据和行为。

（2）对象是具体的实物，是类具体的一个个体。

（3）在一个类中，成员变量表示类的属性，成员方法反映类的行为。

任务 2　定义银行卡账户类

任务描述

定义银行卡基类（Account 类），并分别定义两个子类：借记卡账户子类（DebitAcc）和信用卡账户子类（CreditAccount）。

知识引入

1. 构造方法

构造方法就是一种特殊的方法，它主要用于为对象分配存储空间，完成对象初始化工作，必须在实例化对象时调用。定义构造方法的语法如下：

```
Public 类名（参数列表）      // 构造方法名与类名同名，没有返回值类型
{
    // 构造方法体
}
```

视频 ●⋯⋯⋯⋯

构造方法

【例 3-4】结合例 3-1，给 Person 类加上无参构造方法和带参构造方法。

```
Class  Person
{   // 成员变量（属性 / 字段）
    public string name;          // 姓名
    public string sex;           // 性别
    public int age;              // 年龄
```

```
    // 无参构造方法
    public Person()
    {
    }
    // 带参构造方法
    public Person(string name,string sex,int age)
    {
        //this 表示当前类的对象   this. 用于访问当前类的成员
        this.name = name;        //this.name 访问的是成员。name 访问的是参数
        this.sex = sex;
        this.age = age;
    }
    public void sleep()          // 成员方法
    {
        Console.WriteLine(" 是人都要睡觉！ ");
    }
    public void show()           // 成员方法
    {
        Console.WriteLine(" 姓名：  " + name);
        Console.WriteLine(" 性别：  " + sex);
        Console.WriteLine(" 年龄：  " + age);
    }
}
```

【例 3-5】 分别调用无参构造方法和带参构造方法实例化对象。

```
class Program
{
    static void Main(string[] args)
    {
    Person p1 = new Person();   // 调用无参构造方法实例化 p1 对象
    Person p2 = new Person(" 张三丰 "," 男 ",21); // 调用带参构造方法实例化 p2 对象
    p2.show();
    }
}
```

总结定义构造方法一定要注意以下两点：

（1）构造方法名与类同名。

（2）不能有返回值，且不能写 void。

带参构造方法和无参构造方法都是实例化对象时调用，不同的是，圆括号里面填写给对象赋值的数据。在上面这段代码中，为对象赋初值只用了一行代码。

构造方法的作用如下：

（1）构造方法可以更简捷地为对象赋初值。实例化对象的同时，就可以给该对象的所有成员变量赋初值。

（2）对象的每一个成员变量要存储数据，就要在内存中开辟空间。类的构造方法最大的作用，就是为对象开辟内存空间，以存储数据。这也是为什么实例化对象的时候，一定要调用构造方法的原因。

（3）构造方法只有实例化对象时才能调用，不能像其他方法那样通过方法名调用。

在前面学习到，定义一个变量就会在内存中开辟一个空间存储数据。实例化一个对象后，对象的成员变量也要开辟内存空间，这个重要的任务就是构造方法完成的。

2. 属性

在 C# 中有两个常用的访问修饰符：private 和 public。程序中一般用 public 修饰符来定义成员变量和成员方法，这样就可以在别的类中来访问它，但这其实破坏了类的封装性，因任何类都可以访问 public 成员。

Public 修饰符公开成员变量，所有类都可以访问它；private 修饰符有成员变量，只有本类内部代码才能访问。这样就出现了使用 public 不安全，private 访问不方便的问题。为此，C# 提供了属性，通过属性可以读取和写入私有变量，以此对类中的私有成员变量进行保护，并且在保护的同时，允许别的类像直接访问成员变量一样访问属性。定义属性的语法如下：

视 频 ●

访问修饰符

视 频 ●

属性

```
访问修饰符   数据类型   属性名
{
    get
    {
        返回私有成员变量;
    }
    set
    {
        设置私有成员变量;
    }
}
```

【例 3-6】 定义属性和使用属性访问成员变量。

```
// 定义属性
class Person
{
    private string name;
    private int age;
    public Person(){ }
    public Person(string name,int age)
    {
        this.Name = name;
        this.Age = age;
    }
    public string Name
    {
        get
        {
            return this.name;
        }
        set
        {
            this.name = value;          //value 是隐式的变量
        }
    }
    public int Age
    {
        get
        {
            return this.age;
        }
        set
```

```
        {
            this.age = value; //value 是隐式的变量
        }
    }
    public void Show()
    {
        Console.WriteLine(" 姓名:  " + Name);
        Console.WriteLine(" 年龄:  " + Age);
    }
}
// 使用属性访问成员变量
class Program
{
    static void Main(string[] args)
    {
        Person p1 = new Person(" 张三 ",19);
        p1.Show();
        Person p2 = new Person();
        p2.Name = " 毛毛 ";        // 对 Name 属性赋值，即是对私有成员 name 赋值
        p2.Age = 17;
        p2.Show();
    }
}
```

程序运行结果如图 3-10 所示。

图 3-10 例 3-6 程序运行结果

视 频

继承

3. 继承和多态

（1）继承：在面向对象技术中，继承是提高软件开发效率的重要因素之一，指特殊类的对象拥有其一般类的全部属性与方法，称作特殊类对一般类的继承。

继承是面向对象程序设计的主要特征之一，它可以让用户重用代码，也可以节省程序设计的时间。继承就是在类之间建立一种从属关系，使得新定义的子类（也称派生类）的实例具有父类（也称基类）的特征和能力。任何类都可以继承其他的类，这也就是说，这个类拥有它继承的类的所有成员。在 OOP 中，被继承的类称为父类或者基类，继承了其他类的类称为子类或者派生类。

继承的语法格式如下：

```
Class  类名 ：父类类名
{
    类体
}
```

【例 3-7】继承示例，说明什么是子类，什么是父类。

```
class Person  // 定义 Person 类，父类
{
    public string name;
```

```
    public int age;
    public void Say()
    {
        Console.WriteLine(" 你好，我是 {0}，我今年 {1} 岁 ",name,age);
    }
}
class Man
{
    public void Eat()
    {
        Console.WriteLine(" 我正在吃大闸蟹！ ");
    }
}
//Student 类继承了 Person 类，它也具备了 Person 类的所有成员变量和方法
class Student:Person {
    // 也可以在子类中添加新的成员变量和成员方法
    public string sex;
    public void Play()
    {
        Console.WriteLine(" 我是 {0} 生我怕谁，我在玩天天酷跑 ......",sex);
    }
}
/*
class Student : Person, Man   // 错误，只能单继承
{
}
*/
class Program
{
    static void Main(string[] args)
    {
        Student st = new Student();
        st.name = " 刘备 ";
        st.age = 18;
        st.Say();
        st.sex = " 男 ";
        st.Play();
    }
}
```

在示例中可以看到，Student 类（子类）继承了 Person 类（父类），则 Student 类也自动具备有 name 和 age 两个成员变量以及 Say( ) 方法。同时，Student 类可以增加自己的成员变量 sex 和成员方法 play( )，可以给这些成员变量赋值，还调用了 Say( ) 方法，这就是继承作用。在这里，Person 类是父类，Student 类是子类。

另外，C# 仅支持单一继承，也就是一个子类只能继承一个类，不能同时继承多个类。例如，在上面的示例中，Student 不能同时继承 Person 类和 Man 类。

程序运行结果如图 3-11 所示。

图 3-11 例 3-7 程序运行结果

● 视频

多态

（2）多态：多态性是指在一般类中定义的属性或行为，被特殊类继承之后，可以具有不同数据类型或表现出不同的行为。这使得同一个属性或行为在一般及其各个特殊类中具有不同的语义。

当子类继承父类后，如何让子类和父类的方法执行起来不一样？每个子类都有自己的方式执行该"行动"，这就是多态的一个重要特性——重写。子类重写父类的方法，重写需要用到两个关键字：vartual 和 override。

通常，派生类继承基类的方法，在调用对象继承方法时，执行的是基类的实现。但是，有时需要对派生类中继承的方法有不同的实现。例如，假设动物类存在"叫"的方法，从中派生出猫类、老鼠类和狗类，猫类、老鼠类和狗类叫的行为是各不相同的，因此，同一方法在不同子类中需要两种不同的实现，这就需要子类"重新编写"基类中的方法。"重写"就是在子类中对父类的方法进行修改或者在子类中对它进行重新编写。

【例 3-8】多态性示例，子类重写父类相应方法。

```
class Animal                          // 动物类
{
    public string name;
    public virtual void say()         // 定义为虚方法，子类可以对父类方法重写
    {
        Console.WriteLine("Animal hou......");
    }
    public void run()
    {
        Console.WriteLine("Animal run......");
    }
}
class Cat:Animal                      // 猫类
{
    public override void say()        // 对父类方法进行重写
    {
        Console.WriteLine("Tom:" + " 喵喵喵 ......");
    }
}
class Mouse : Animal                  // 老鼠类
{
    public override void say()
    {
        Console.WriteLine("Jerry:" + " 吱吱吱 ......");
    }
}
class Dog:Animal                      // 狗类
{
    public override void say()
    {
```

```
            Console.WriteLine("旺财: " + "汪汪汪......");
        }
}
class Program
{
    static void Main(string[] args)
    {
        //// 父类的句柄可以指向子类的对象，反之则不行
        //Animal an1 = new Cat();
        //an1.say();
        Cat ct = new Cat();
        Mouse mou = new Mouse();
        Dog d = new Dog();
        PolymorphicTest(ct);
        PolymorphicTest(mou);
        PolymorphicTest(d);
    }
    static void PolymorphicTest(Animal an)
    {
        an.say();                  // 多态性
    }
}
```

程序运行结果如图 3-12 所示。

图 3-12　例 3-8 程序运行结果

 任务实现

视 频 ●······

【例 3-9】实现银行卡账户类定义。

```
class Account // 账户类，父类 ，以下是共有属性和方法
{
    public long aid;                 // 账户编号
    public string aname;             // 储户姓名
    public string personId;          // 身份证号
    public string password;          // 密码
    public double balance;           // 账户余额
    public Account(){ }
    public Account(long aid,string aname,string personId,string password,double balance)
    {
        this.aid = aid;
        this.aname = aname;
        this.personId = personId;
        this.password = password;
        this.balance = balance;
    }
```

实现银行卡
账户类定义

```
}
class DebitAcc : Account            // 借记卡子类
{
    public DebitAcc(long aid, string aname, string personId, string password,
double balance): base(aid, aname, personId, password, balance)
    {
    }
}
class CreditAccount : Account       // 信用卡子类
{
    private double overdraft;       // 透支金额
    public CreditAccount(long aid, string aname, string personId, string password,
double balance, double overdraft): base(aid, aname, personId, password, balance)
    {
        this.overdraft = overdraft;
    }
}
```

 任务小结

（1）构造方法用于实例化对象，并为对象分配空间。

（2）C# 中只能单继承，不支持多继承，子类中可以通过使用 base 关键字调用父类的成员方法或构造方法。

任务 3　实现银行卡账户开户

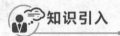 **任务描述**

用户进入系统主菜单后，用户选择开户功能后，显示借记卡账户和信用卡账户开户菜单，用户选择其中一种需开户的账户后，输入相关开户账户信息，当用户输入信息有误时，能检测出异常并输出相关异常信息；当用户输入信息正确无误后，系统提示开户成功信息。

知识引入

异常是程序运行时发生的错误或出现某种意想不到的状态，如被零除、溢出、数组下标越界或内存不足等。C# 提供了捕捉和处理异常机制可以处理这些错误，当程序运行时出现上述某种异常后，就会引发异常，转而搜索对应异常处理程序，当前程序停止执行。

C# 中异常是以类的形式出现的。所有异常类都必须继承 Exception 类，也就是说，Exception 类是所有异常类的基类。引发异常后，应用程序或默认异常处理程序将处理异常。

C# 常见的异常如表 3-1 所示。

表 3-1　C# 常见的异常

Exception 类	描　　述
Exception	异常层次结构的根类
ArgumentException	向方法提供的任意一个参数无效时引发的异常
ArithmeticException	算术错误，如除数为 0
FormatException	参数的格式不符合调用方法的参数规范时引发的异常
RuntimeException	当出现运行时错误，并且无法确定具体原因时，引发的异常
DavideByZeroException	除数为 0 时引发的异常
IndexOutOfBoundsException	数组下标越界时引发的异常
NullReferenceException	尝试取消引用空对象引用时引发的异常
IOException	出现 I/O 错误时引发的异常
SQLException	SQL 数据库异常时引发的异常

在应用开发中，开发人员常需要引发新异常。若在应用中出现无法解决的情况时，应该向客户端应用程序引发一个异常，此种类型的异常称为自定义异常。

1. 使用 try...catch 语句

为捕获和处理异常，将可能出现异常的语句放到 try 子句中，当执行这些语句出现异常时，try 子句会捕获这些异常，然后程序执行方向转到 catch 子句中；如果没有出现异常，程序就会执行 try...catch 后面的代码，而不会执行 catch 子句中的代码。

try...catch 子句通用语法如下：

```
try
{
    // 程序代码段
}
catch(Exception e)
{
    // 错误处理代码
}
```

【例 3-10】数组下标越界处理异常。

```
class Program
{
    static void Main(string[] args)
    {
    // 使用异常处理机制
    int[] arr = {1,2,3};
    try
    {
        for(int i = 0; i <=3 ;i++)        // 出现异常，使用异常处理机制
        {
            Console.WriteLine("arr[{0}] = {1}", i, arr[i]);
        }
    }
    catch(IndexOutOfRangeException ex1)
    {
```

```
            Console.WriteLine(ex1.Message);
        }
    }
}
```

2. 使用 throw 语句抛出异常

程序运行时可以捕获由 C# 自动产生的异常，C# 也提供使用 throw 语句抛出异常，使用 throw 语句既可以抛出系统异常，也可以抛出开发人员自己创建的自定义异常。

throw 的通用语法如下：

```
throw    异常对象
```

【例 3-11】使用 throw 语句抛出数组下标越界并处理异常。

```
class Program
{
    static void Main(string[] args)
    {
        // 使用异常处理机制
        int[] arr = { 1, 2, 3 };
        try
        {
            for (int i = 0; i <= 3; i++)              // 出现异常，使用异常处理机制
            {
                Console.WriteLine("arr[{0}] = {1}", i, arr[i]);
            }
            throw new IndexOutOfRangeException();   // 抛出异常
        }
        catch (IndexOutOfRangeException e)   // 捕获异常
        {
            Console.WriteLine(e.Message);
        }
    }
}
```

3. 使用多重 catch 语句

Catch 块捕获 try 块引发的异常，有时一个 try 块可能需要多个 catch 块捕获多个异常，则必须具有多个 catch 块。多重 catch 语句语法如下：

```
try
{
    // 程序代码
}
catch(异常类型1  e)
{
    // 错误处理代码
}
catch(异常类型2  e)
{
    // 错误处理代码
}
```

一个 try 块可以有多个 catch 块，但只能有一个通用的 catch 块，且通用的 catch 块必须放到最后一个，否则将产生编译错误。

4. 使用 finally 语句

当与 try 块一起使用时，不管是否发生了异常，都将执行 finally 块中的语句。因此，一般情况下，finally 块中执行一些清除资源的操作。

【例 3-12】使用多重 catch 语句和 finally 语句处理数组下标越界异常。

```
class Program
{
    static void Main(string[] args)
    {
        // 使用异常处理机制
        int[] arr = {1,2,3};
        try
        {
            for (int i = 0; i <= 3; i++)   // 出现异常，使用异常处理机制
            {
                Console.WriteLine("arr[{0}] = {1}", i, arr[i]);
            }
        }
        catch(IndexOutOfRangeException ex1)
        {
            Console.WriteLine(ex1.Message);
        }
        catch (Exception ex2)
        {
            Console.WriteLine(ex2.Message);
            Console.WriteLine("Exception............");
        }
        finally
        {
            Console.WriteLine("After Exception..........");
        }
    }
}
```

任务实现

1. 定义银行账户类

银行账户类作为借记卡子类和信用卡子类的父类，类中定义了子类共有的属性和开户时需用使用的构造方法。

```
class Account     // 账户类、父类，以下是共有属性和方法
{ ... }
```

2. 定义借记卡子类和信用卡子类

借记卡子类和信用卡子类都继承银行账户类，信用卡子类中添加透支金额属性，两个子类都调用父类的带参构造方法。

```
class DebitAcc : Account              // 借记卡子类
{ ... }
class CreditAccount : Account         // 信用卡子类
{ ... }
```

3. 定义银行业务类

在银行业务类中分别定义新账户开户、登录、存款、取款、查询余额方法，并完成相应的功能，以实现用户使用借记卡或信用卡完成相应的业务。

```
class Bank      // 银行业务类
{
    public void  openAccount( ) {...}          // 开户
    public void  login( ){...}                 // 登录
    public void  saveMoney(Account at) {...}    // 存款
    public void  takeMoney(Account at) {...}    // 取款
    public void  loopMoney(Account at){...}     // 查询余额
}
```

4. 实现主菜单方法

在 main() 主方法中实现主菜单的输出，当选择菜单 1 时，调用开户方法，当选择菜单 2 时调用登录方法。

```
public static void main(string[] args)
{...}
```

5. 编写调试程序

新建控制台项目，项目名 CustomDemo, 解决方案名 MyCustomDemo，设置启动项目为 CustomDemo，编写调试程序。

【例 3-13】实现银行卡账户开户。

```
using System;
using System.Collections.Generic;
using System.Linq;
using System.Text;
namespace CustomDemo
{
    class Account                    // 账户类，父类，以下是共有属性和方法
    {
        public long aid;             // 账户编号
        public string aname;         // 储户姓名
        public string personId;      // 身份证号
        public string password;      // 密码
        public double balance;       // 账户余额
        public Account(){ }
        public Account(long aid, string aname, string personId, string password,
double balance)
        {
            this.aid = aid;
            this.aname = aname;
            this.personId = personId;
            this.password = password;
            this.balance = balance;
        }
    }
    class Bank
    {
        protected static List<Account> list = new List<Account>();
        private static long i = 11000000; // 指借记卡卡号，每增加一个用户，i 自增 1
        private static long j = 81000000; // 指信用卡卡号，每增加一个用户，j 自增 1
```

```
//开户
public void openAccount()
{
    Console.WriteLine(" 请选择开户类型 :");
    Console.WriteLine("1.—————— 借记卡账户 ");
    Console.WriteLine("2.—————— 信用卡账户 ");
    Console.WriteLine("3.—————— 退出 ");
    int choice = Convert.ToInt32(Console.ReadLine());
    if (choice != 1 && choice != 2 || choice == 3)
    {
        Console.WriteLine(" 感谢您的使用，欢迎下次光临 !");
        System.Environment.Exit(0);
    }
    switch (choice)
    {
        case 1:
            Console.WriteLine(" 您将要办理借记卡账户开户业务 :");
            Console.WriteLine(" 请输入开户的用户名:  ");
            string name = Console.ReadLine();
            Console.WriteLine(" 请输入密码:  ");
            string password = Console.ReadLine();
            Console.WriteLine(" 请输入身份证号:  ");
            string personId = Console.ReadLine();
            double money = 0;
            try
            {
                Console.WriteLine(" 请输入开户金额:  ");
                money = Convert.ToDouble(Console.ReadLine());
            }catch(Exception e)
            {
                Console.WriteLine(" 输入错误 ");
            }
            Account ac = new DebitAcc(i, name, personId, password,
            money);
            i++;
            list.Add(ac);
            Console.WriteLine(" 恭喜你开户成功 ! 你的卡号为 :{0}", i);
            Console.WriteLine(" 用户名 :{0}", name);
            Console.WriteLine(" 密码 :{0}", password);
            Console.WriteLine(" 身份证号 :{0}", personId);
            Console.WriteLine(" 开户金额 :{0}", money);
            break;
        case 2:
            Console.WriteLine(" 您将要办理信用卡账户开户业务 :");
            Console.WriteLine(" 请输入开户的用户名:  ");
            string name2 = Console.ReadLine();
            Console.WriteLine(" 请输入密码:  ");
            string password2 = Console.ReadLine();
            Console.WriteLine(" 请输入身份证号:  ");
            string personId2 = Console.ReadLine();
            double money2 = 0;
            double overdraft = 0;
            try
            {
```

```
                Console.WriteLine("请输入开户金额: ");
                money = Convert.ToDouble(Console.ReadLine());
                Console.WriteLine("请输入透支额度: ");
                overdraft = Convert.ToDouble(Console.ReadLine());
            }catch(Exception e)
            {
                Console.WriteLine("输入错误");
            }
            Account ac2 = new CreditAccount(j, name2, personId2,
    password2, money2, overdraft);
            j++;
            list.Add(ac2);
            Console.WriteLine("恭喜你开户成功！你的卡号为:{0}", j);
            Console.WriteLine("用户名:{0}", name2);
            Console.WriteLine("密码:{0}", password2);
            Console.WriteLine("身份证号:{0}", personId2);
            Console.WriteLine("开户金额:{0}", money2);
            Console.WriteLine("透支额度:{0}", overdraft);
            break;
        }
}
// 登录
public void login()
{
    Console.WriteLine("请输入登录用户名: ");
    string name = Console.ReadLine();
    Console.WriteLine("请输入登录密码: ");
    string password = Console.ReadLine();
    Account at = null;
    foreach(Account ac in list)
    {
        if (ac.aname == name && ac.password == password)
        {
            at = ac;
        }
    }
    if(at != null)
    {
        Console.WriteLine("登录成功...");
        Console.WriteLine("请选择功能: （按其他键退出）");
        Console.WriteLine("1. 存款");
        Console.WriteLine("2. 取款");
        Console.WriteLine("3. 查询余额");
        int choice = Convert.ToInt32(Console.ReadLine());
        switch (choice)
        {
            case 1:
                Console.WriteLine("欢迎使用存款功能......");
                saveMoney(at);
                Console.WriteLine("存款成功!");
                break;
            case 2:
                Console.WriteLine("欢迎使用取款功能......");
                takeMoney(at);
```

```
                            break;
                    case 3:
                            Console.WriteLine("欢迎使用余额查询功能......");
                            loopMoney(at);
                            break;
                }
            }
        }
        // 存款
        public void saveMoney(Account at)
        {
            Console.WriteLine("请输入存款金额");
            double money = Convert.ToDouble(Console.ReadLine());
            at.balance += money;
        }
        // 取款
        public void takeMoney(Account at)
        {
            Console.WriteLine("请输入取款金额");
            double money = Convert.ToDouble(Console.ReadLine());
            if (at.balance >= money)
            {
                Console.WriteLine("取款成功");
                at.balance -= money;
            }
        }
        // 查询余额
        public void loopMoney(Account at)
        {
            Console.WriteLine("您的账户信息如下: ");
            Console.WriteLine("卡号:{0}", at.aid);
            Console.WriteLine("用户名:{0}", at.aname);
            Console.WriteLine("账户余额: {0}", at.balance);
        }
    }
    class DebitAcc : Account           // 借记卡子类
    {
        public DebitAcc(long aid, string aname, string personId, string
    password, double balance)
            : base(aid, aname, personId, password, balance)
        {
        }
    }
    class CreditAccount : Account      // 信用卡子类
    {
        private double overdraft;      // 透支金额
        public CreditAccount(long aid, string aname, string personId, string
password, double balance, double overdraft)
 : base(aid, aname, personId, password, balance)
        {
            this.overdraft = overdraft;
        }
    }
```

```
    class Program
    {
        static void Main(string[] args)
        {
            Bank bk = new Bank();
            int choice;
            do
            {
    Console.WriteLine("**************** 欢迎使用银行系统 ****************");
                Console.WriteLine(" 请选择功能（按其它键退出）:  ");
                Console.WriteLine("1. 开户 ");
                Console.WriteLine("2. 登录 ");
                choice = Convert.ToInt32(Console.ReadLine());
                if (choice != 1 && choice != 2)
                {
                    Console.WriteLine(" 感谢您的使用，欢迎下次光临 !");
                    break;
                }
                switch (choice)
                {
                    case 1:
                        bk.openAccount();
                        break;
                    case 2:
                        bk.login();
                        break;
                }
            } while (choice != 0);
        }
    }
}
```

任务小结

（1）C# 使用 try、catch、throw 和 finally 来处理 C# 异常。

（2）被监控的代码写在 try 块中，用来捕获和处理异常的代码写在 catch 块中，finally 中放置必须要执行的代码。

（3）要手动引发异常，可以使用关键字 throw。抛到方法外部的任何异常都必须用 throws 子句指定。

知识拓展

1. 抽象类

如果希望一个类专用于作为一个基类来派生其他类，则可以考虑把这个类定义成抽象类。抽象类不能被实例化，它是派生类的基础。通过不实现或实现部分功能，这些抽象类用于创建模板以派生其他类。定义抽象类需要使用 abstract 关键字，语法如下：

```
[访问修饰符]  abstract  class 类名
{
    代码
}
```

抽象类包含零个或多个抽象方法，也可以包含零个或多个非抽象方法。定义抽象方法的目的在于指定派生类必须实现这一方法的功能（就是为方法添加代码）。抽象方法只在派生类中才真正实现，定义抽象方法使用 abstract 关键字而不是 virtual，抽象方法只指明方法的返回值类型、方法名称及参数，而不提供方法的实现。一个类只要有一个抽象方法，该类必须定义为抽象类。

【例 3-14】抽象类定义。

```
abstract class Animal  //抽象类
{
    public string name;
    //抽象方法，无须代码实现
    public abstract void Say(string name);
    public void Eat()
    {
        Console.WriteLine("是动物都得吃东西，否则会 Bye Bye ......");
    }
}
class Cat : Animal
{
    //子类重写抽象类的抽象方法
    public override void Say(string name)
    {
        Console.WriteLine("猫 {0} 的叫声：喵喵喵......", name);
    }
}
class Dog : Animal
{
    //子类重写抽象类的抽象方法
    public override void Say(string name)
    {
        Console.WriteLine("狗 {0} 的叫声：汪汪汪......", name);
    }
}
class Mouse : Animal
{
    //子类重写抽象类的抽象方法
    public override void Say(string name)
    {
        Console.WriteLine("老鼠 {0} 的叫声：吱吱吱......", name);
    }
}
class Program
{
    static void main(string[] args)
    {
        // Animal an = new Animal();  //错误，抽象类不能实例化
        Cat ct = new Cat();
        Dog dg = new Dog();
        Mouse mou = new Mouse();
```

```
        ct.Say("Tom");
        dg.Say(" 旺财 ");
        mou.Say("Jerry");
    }
}
```

在上面的示例中，Animal 类使用 abstract 关键字被定义为抽象类，而且包含了一个抽象方法——Say()，抽象方法只要方法头的定义，没有方法体。这样 Cat 类、Dog 类和 Mouse 类可以自己重写抽象方法，各自去执行相应的代码。这里需要注意的是，抽象方法只能定义在抽象类中，而且抽象类不能被实例化。

程序运行结果如图 3-13 所示。

图 3-13　例 3-14 程序运行结果

抽象类并不仅仅是一种技巧，它更代表一种抽象的概念，从而为所有的派生类确立一种"约定"。

2. 接口

接口是一个只说明应该做什么但不能指定如何做的"更加纯粹的抽象类"。接口定义了一种约定，实现接口时必须遵守该约定。"开关"是用来控制电器设备通电与否的，它是接口在现实世界的一个类比。开关的作用在于打开或关闭某个设备，其形式有很多种，如拉线开关、双位开关等，开关接口具有开和关两种功能，那么所有的开关都必须实现这两种功能，否则就不是开关。

抽象类中可以有已经实现的方法，但接口中不能包含任何实现了的方法。一个类对接口的实现与派生类实现基类方法的重写一样，只是接口中的所有方法都必须在派生类中实现。接口的作用在于指明现实此特定接口的类必须实现该接口列出的所有成员，它指明了一个类必须具有哪些功能。定义接口需要使用 interface 关键字，语法如下：

```
[属性]　[修饰符]　interface　接口名
{
    // 接口主体
}
```

在 C# 中定义一个接口时，需要注意以下几点：

(1) 接口中只能声明方法、属性、索引器和事件。

(2) 接口不能声明字段、构造方法、常量和委托。

(3) 接口的成员默认是 public 的，如果明确指定成员的访问级别会报编译错误。

(4) 接口中所有的方法、属性和索引器都必须没有实现。

(5) C# 中的接口以大写字母"1"开头。

【例 3-15】用接口模拟实现 U 盘插入 USB 接口读 / 写操作行为、MP3 播放音乐行为。

```
interface IUsb
{
```

```
    void write(string message);
    string read();
}
class UPan:IUsb
{
    string message;
    public void write(string message)
    {
        this.message = message;
        Console.WriteLine("UPan write:" + message);
    }
    public string read()
    {
        return message;
    }
}
interface ISing
{
    void chang();
}
class MP3 : IUsb,ISing
{
    string message;
    public void write(string message)
    {
        this.message = message;
        Console.WriteLine("MP3 write:" + message);
    }
    public string read()
    {
        return message;
    }

    public void chang()
    {
        Console.WriteLine("MP3 正在播放音乐: 我的未来不是梦 .....");
    }
}
class Program
{
    static void Main(string[] args)
    {
        UPan up = new UPan();
        up.write("Hello UPan.....");
        Console.WriteLine("UPan read:" + up.read());
        MP3 mp3 = new MP3();
        ISing sing = mp3 as ISing; // 测试mp3是否是ISing接口类型
        if (sing != null)
        {
            sing.chang();
        }
    }
}
```

程序运行结果如图 3-14 所示。

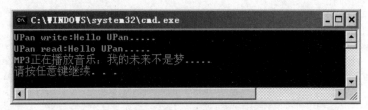

图 3-14　例 3-15 程序运行结果

项目总结

文档

项目3
实施评价表

　　（1）不能继承父类的构造方法，子类构造方法会自动调用父类构造方法，并且父类构造方法先执行，再执行子类构造方法。使用 base 关键字显示调用父类构造方法；base 关键字还可以访问父类成员。

　　（2）父类对象可以引用子类实例，并且调用子类重写的方法。

　　（3）接口中只定义方法的原型，不能有字段和常量。

　　（4）多态是指两个或多个不同的类，对同一方法的不同代码的实现。

常见问题解析

　　（1）两个类 A、B（均为 public）处于同一命名空间，定义 B 类的成员方法时，想在其中调用 A 类的一个 public 方法。B 类中没有 A 类创建的对象，想直接调用 A 类的成员方法，总是提示"当前上下文中不存在名称 ******"（****** 为 A 类的成员方法名），为什么？如何实现？

　　因为对 A 类没有实例化一个对象，或 A 类的成员方法不是 static 方法。看情况使用下面两种解决方式中的一种：

- 如果 A 类的成员方法是 static 方法，则使用以下方式调用：

```
A.MethodA();              // 第一种方式
```

- 如果 A 类的成员方法是 static 方法，则使用以下方式调用：

```
new A().MethodA();        // 第二种方式
```

　　（2）C# 中为什么 String 类无法被继承？

　　String 是这样定义的：public sealed class String : IComparable, ICloneable, IConvertible,IComparable<string>,IEnumerable<char>,IEnumerable, IEquatable<string>，sealed 是密封类的关键字，只要类定义前面有这个关键字，其他类就无法继承此类。

　　（3）为什么需要抽象类？c# 中怎么声明抽象类？

　　抽象类是为了继承，扩展一些方法成员，用 abstract 关键字声明。

习 题

一、选择题

1. 在 C# 语言中，下列关于属性的描述正确的是（   ）。（选一项）

　　A. 属性系是以 public 关键字修饰的字段，以 public 关键字修饰的字段也可称为属性

　　B. 属性是访问字段值的一种灵活机制，更好地实现了数据的封装和隐藏

　　C. 要定义只读属性，只需在属性名前加上 readonly 关键字

　　D. 在 C# 的类中不能自定义属性

2. 以下关于 C# 中方法重载的说法正确的是（   ）。（选两项）

　　A. 如果两个方法名字不同，而参数的数量不同，那么它们可以构成方法重载

　　B. 如果两个方法名字相同，而返回值的数据类型不同，那么它们可以构成方法重载

　　C. 如果两个方法名字相同，而参数的数据类型不同，那么它们可以构成方法重载

　　D. 如果两个方法名字相同，而参数的数量不同，那么它们可以构成方法重载

3. 以下的 C# 代码段：

```
public struct Person {
    string Name;
    int Age;
}
public static void Main() {
    Hasbtable A;
    Person B;
}
```

以下说法正确的是（   ）。（选一项）

　　A. A 为引用类型的变量，B 为值类型的变量

　　B. A 为值类型的变量，B 为引用类型的变量

　　C. A 和 B 都是值类型的变量

　　D. A 和 B 都是引用类型的变量

4. 在 C# 语法中，在派生类中对基类的虚函数进行重写，要求在声明中使用关键字（   ）。（选一项）

　　A. override　　　　　B. new　　　　　C. static　　　　　D. virtual

二、简答题

1. 面向对象程序设计语言的 3 个最基本的特征是什么？

2. 如何防止一个类被继承？

3. 若 try 语句组中有多个 catch 子句，这些子句的排列次序对程序的执行结果有何影响？

三、实践题

1. 编写一个 Person 基类（人类），两个派生类 Teacher（教师）、Student（学生），定义基类中 3 个属性：姓名、年龄、性别，派生类中 Teacher 添加新属性："爱好"，Student 中添加新属性："班级"；定义基类中一个虚方法 sayHello()，派生类中使用多态重写 sayHello() 方法，实现教师与学生分别打招呼，介绍自己。

2. 编写一个类，提供 Add() 方法（包含 2 个参数），当传入的参数都是整型时，返回相加后的结果；当传入参数都是字符串时，返回两个相连后的结果；当传入的参数一个是整型字符串时，返回相连后结果。

3. 定义一个员工类，要求包含工号、姓名、性别、工资等信息，通过属性公开这些信息，定义增加工资的方法，要求有两个版本：版本一是根据传递的参数增加一定的工资；版本二是增加 10%。应用员工类对属性赋值，并调用增加工资的方法。

项目 4

会员管理系统

会员管理系统项目实现会员注册和会员登录功能，模拟会员注册、会员登录操作。

在 Windows 窗体上，可以直接可视地创建应用程序，每个 Windows 窗体对应应用程序运行的一个窗口。控件是添加到窗体对象上的对象，窗体可包含文本框、标签、按钮等控件，每种类型的控件都有一套属性、方法和事件以完成特定的功能。Windows 窗体和控件是开发 C# 应用程序的基础，是可视化程序设计的基础界面，是其他对象的载体和容器。

学习目标

- 掌握窗体基础知识和常用属性。
- 掌握文本框、标签、按钮、单选按钮、复选框等常见控件的使用。
- 熟练掌握窗体间的链接。
- 掌握控件布局的操作。
- 掌握 MDI 窗体的设计。

项目描述

会员管理系统要求利用 .NET WinForms 编程实现某会员管理系统中会员注册和会员登录功能。

（1）进入设计的窗体主界面，如图 4-1 所示。

图 4-1　窗体主界面效果

（2）选择"会员管理"菜单中的"会员登录"命令，弹出会员登录窗体，如图 4-2 所示。

（3）用户输入正确的用户名和密码后，弹出登录成功对话框，单击"确定"按钮后，关闭会员登录窗体，弹出登录成功消息对话框，如图 4-3 所示。

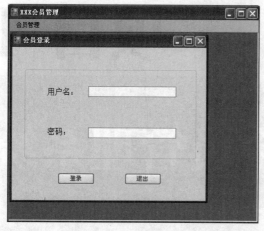

图 4-2　"会员登录"对话框

图 4-3　登录成功对话框

（4）用户输入错误的用户名和密码后，弹出登录错误提示信息对话框（见图 4-4），单击"确定"按钮后，显示会员登录窗体，用户继续输入登录用户名和密码。

（5）选择"会员管理"菜单中的"会员注册"命令，弹出"会员注册"对话框，如图 4-5 所示。

图 4-4　登录错误提示信息对话框

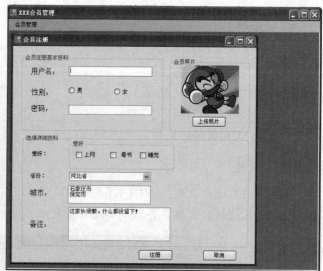

图 4-5　"会员注册"对话框

（6）会员注册窗体中"省份"下拉列表中包括湖北省、湖南省和河北省 3 种，根据选择的省份，城市列表框中显示相应省份的城市，用户输入完注册信息，单击"注册"按钮，弹出是否注册提示框，如图 4-6 所示。

图 4-6　会员注册提示框

（7）此时用户单击"是"按钮注册信息，弹出"会员注册信息"对话框，如图 4-7 所示。

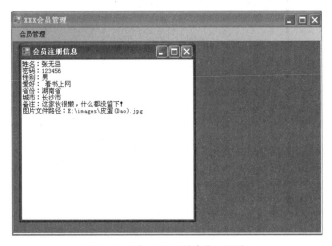

图 4-7　"会员注册信息"对话框

选择"会员管理"菜单中的"退出"命令，退出整个项目系统运行。

工作任务

- 任务 1：实现登录窗体。
- 任务 2：实现注册窗体。
- 任务 3：实现主窗体功能。

任务1 实现登录窗体

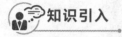 任务描述

显示会员登录窗体,用户输入正确的用户名和密码,弹出登录成功对话框,单击"确定"按钮,关闭会员登录窗体;否则弹出错误提示信息对话框,用户继续输入登录用户名和密码。

知识引入

1. Windows 窗体

Windows 窗体,就是我们经常看到的用户界面"窗体"。在使用操作系统时,我们经常通过窗体来进行各种操作和设置,如设置桌面的分辨率大小、颜色、背景图片等,如图 4-8 所示。

● 视 频

会员登录

图 4-8　Windows 窗体图

使用 .NET Framework 提供的 Windows 窗体以及窗体控件,会让开发 Windows 窗体应用程序非常简单。Windows 窗体页简称 WinForm,开发人员可以使用 C# 的"WinForm 应用程序项目"来创建应用程序的用户界面,编写少量代码就可以提供丰富的功能。

WinForm 应用程序一般都有一个或者多个窗体提供用户与应用程序交互。窗体可包含文本框、标签、按钮等控件。一般的 WinForm 应用程序有许多窗体,有的是获得用户输入的数据,有的是向用户显示数据,有的窗体具有变形、透明等特殊效果,让用户不知道它的存在。例如,QQ 中鼠标指向一个好友头像时,弹出的悬浮信息就是一个窗体。

System.Windows.Forms 命名空间里定义了创建 WinForm 应用程序时所需的类。Windows 窗体的一些重要特性如下:

- 简单强大的功能:可以用于设计窗体和可视控件,创建丰富的基于 Windows 的图形界面应用程序。
- 丰富的控件:Windows 窗体提供了一套丰富的控件,并且开发人员可以定义自己有特色的新控件。
- 快捷的数据显示和操作: Windows 窗体对数据库处理提供全面支持,快速访问数据库中的数据,并在窗体上显示和操作数据。

(1)创建 Windows 应用程序。创建第一个 Windows 应用程序,用 C# 创建应用程序的步骤如下:

- 选择"开始"→"程序"→"Microsoft Visual Studio 2010"→"Microsoft Visual studio 2010"命令。
- 选择"文件"→"新建"→"项目"命令,弹出"新建项目"对话框,如图 4-9 所示。

图 4-9 "新建项目"对话框

在"新建项目"对话框左侧子窗口列表中单击"Visual C#"前的"+",选择 Windows,然后在模板中选择"Windows 窗体应用程序"。在下面的"名称"文本框中输入应用程序的名称,在"位置"文本框中选择应用程序所放的位置,单击"确定"按钮。完成后,弹出如图 4-10 所示的编辑界面。

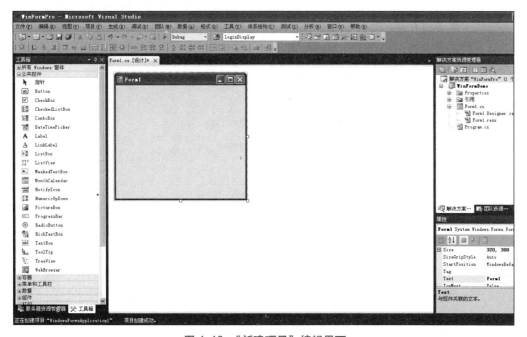

图 4-10 "新建项目"编辑界面

此时可以看到，正中间是一个空白窗体，用于进行编辑，在空白窗体的左侧会看到工具箱，其中列出了 Windows 窗体常用控件。在空白窗体右侧有两个窗体栏，右上方是解决方案资源管理器，作用是管理本项目的程序文件；右下方是属性栏窗体，作用是设置或修改窗体或控件的相应属性值。

（2）Windows 窗体常用属性。我们可以通过设置窗体的属性来改变窗体的外观，如背景色或者背景图片等。表 4-1 所示为窗体的常用属性。

表 4-1　Windows 窗体常用属性

属　　性	说　　明
Name	窗体在代码中的名称，也就是窗体的对象名
Text	窗体的标题栏里显示的文本
BackCollor	窗体的背景色
BackGroundImage	窗体的背景图片
MaximizeBox	窗体右上角是否有最大化按钮，默认为 True
WindowState	窗体刚显示时的大小，有最大化（Maximized）、最小化（Minimized）、普通（Normal）等，默认 Normal
AcceptButton	设置成某个按钮后，在窗体上按 [Enter] 键相当于单击了这个按钮
CancelButton	设置成某个按钮后，在窗体上按 [Esc] 键相当于单击了这个按钮

可以通过设置这些属性，看一下对窗体的外观有什么影响，也可以熟悉属性的设置方法。例如，把 1 窗体的背景颜色设置成蓝色，把窗体的 Text 属性设置成"我的窗体"。

2. Windows 窗体基本控件

（1）标签（Label）。标签主要用来显示文本，是 Windows 窗体应用程序中最常用、最简单的控件。通常用标签来为其他控件显示说明信息、窗体的提示信息，或者用来显示处理结果等信息。标签显示的文本不能编辑。标签控件支持的属性和方法如表 4-2 所示。

表 4-2　标签控件支持的属性和方法

属性和方法		描　　述
属　　性	Name	该标签的对象名称，以便在代码中访问
	Image	指定该标签上将显示的图像
	Text	设置获取标签上的文本
方　　法	Hide ()	隐藏控件，是该标签不可见
	Show ()	显示控件

（2）文本框（TextBox）。文本框控件有两种用途：一是可以用来输出或显示文本信息；二是可以接收从键盘输入的信息。文本框控件一般用于获取用户输入的信息。单行文本框、多行文本框和密码框（比如输入密码时显示 * 号）都是使用文本框控件，只要设置相关的属性即可。文本框控件常用的属性和方法如表 4-3 所示。

表 4-3　文本框控件常用的属性和方法

属性和方法		描　述
属　性	Name	该文本框控件的对象名，在程序中引用
	MaxLength	获取或设置用户可在文本框控件中键入或粘贴的最大字符数
	Multiline	获取或设置此控件是否为多行文本框，True 为多行文本框，False 相反
	PasswordChar	获取或设置一个字符，当在该行文本框输入数据时，显示为该字符
	ReadOnly	获取或设置改文本框中的文本是否为只读（不能修改）
	TabIndex	控件获得焦点的顺序，值越小越早获得焦点
	Text	文本框里显示的文本，用户输入数据后，通过该属性获取数据
方　法	AppendTetx（）	在文本框现有文本的末尾追加文本
	Clear（）	清除文本框内的所有文本

（3）按钮（Button）：按钮控件是窗体应用程序中使用最多的控件之一，按钮提供了用户与应用程序进行交互的功能，例如用户输入数据后，单击按钮可以提交该数据给程序处理。用户也可以单击按钮来执行所需的操作。按钮控件的属性和事件如表 4-4 所示。

表 4-4　按钮控件常用属性和事件表

属性和事件		描　述
属　性	Tetx	显示在按钮上的文字
	Name	该按钮控件的对象名称
事　件	Click	单击按钮时将执行的事件

按钮控件，有一个非常重要的事件，那就是单击事件——Click 事件。当用户单击按钮控件后，软件该做出的回应动作就是这个 Click 事件。为了做出回应动作，必须为按钮的 Click 事件编写事件方法。

（4）消息对话框控件（Dialog）：在使用软件的过程中，经常会碰到要用户确认的对话框，例如在操作计算机时，如果要删除一个文件，就会弹出确认文件删除对话框，单击"是"按钮就删除，单击"否"按钮则不删除。利用 VS 2015 也可以做出这种效果，这就是消息对话框。消息框用于显示包含文本、按钮和符号的消息。要显示一则消息，可以用下面的语法：

```
MessageBox.Show("这是消息确认框！")
```

执行后会弹出如图 4-11 所示的消息对话框。

在 C# 中需要使用 DialogResult 类型的变量，从 MessageBox.Show() 方法接收消息对话框的返回值。至于 MessageBox.Show() 方法的返回值是 Yes、No、Ok 还是 Cancel，需要自己在 Show() 方法中对其可以显示的按钮进行设置。

```
DialogResult dr = MessageBox.Show("登录成功", "提示", MessageBoxButtons.OK,
MessageBoxIcon.Asterisk);
    if (dr == System.Windows.Forms.DialogResult.OK)   // 如果用户选择的是"是"
    {
        this.Close();
    }
```

执行后会弹出如图 4-12 所示的"提示"对话框。

图 4-11　消息对话框　　　　　图 4-12　"提示"对话框

其中，"登录成功"是消息内容，"提示"是消息框标题，MessageBoxButtons.OK 表示在消息框中显示"确定"按钮，MessageBoxIcon. Asterisk 表示在消息框中显示"i"图标。如果此时单击"确定"按钮，返回值为 DialogResult.OK，则"this.Close()"这行代码会关闭当前窗体。

 任务实现

会员管理系统登录窗体（FrmLogin）实现，用户输入正确的用户名和密码后，单击"登录"按钮，弹出提示"登录成功"的消息对话框，单击"确定"按钮，关闭登录窗体，单击"退出"按钮，结束整个应用程序。

【例 4-1】设计 FrmLogin 会员管理系统登录窗体，如图 4-13 所示。

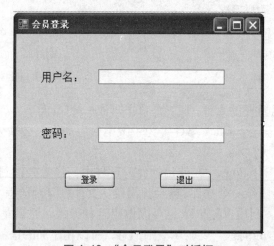

图 4-13　"会员登录"对话框

双击 FrmLogin 窗体的"登录"按钮，为其添加如下代码：

```
private void btnLogin_Click(object sender, EventArgs e)
{
    string userName=txtUser.Text;
    string userPwd=txtPwd.Text;
    if(userName == "admin" && userPwd == "123456")
    {
        DialogResult dr = MessageBox.Show("登录成功", "提示", MessageBoxButtons.
    OK,MessageBoxIcon.Asterisk);
        if(dr==System.Windows.Forms.DialogResult.OK)//如果用户选择的是"是"
        {
```

```
            this.Close();
        }
    }
    else
    {
    DialogResult dr = MessageBox.Show("您输入的用户名或密码错误！", "提示",
MessageBoxButtons.YesNo, MessageBoxIcon.Warning);
    }
}
```

双击 FrmLogin 窗体的 " 退出 " 按钮，为其添加如下代码：

```
private void btnCancel_Click(object sender, EventArgs e)
{
    Application.Exit();
}
```

 任务小结

（1）WinForm 可用于 Windows 窗体应用程序开发。

（2）标签控件用于显示用户不能编辑的文本或图像。

（3）按钮控件提供实现用户与应用程序交互。

（4）文本框一般用于接收用户的输入。

任务 2　实现注册窗体

任务描述

显示会员注册窗体，用户在窗体中输入注册信息，并能上传用户照片功能，注册信息输入完毕后，单击"注册"按钮，弹出是否注册消息对话框，单击消息对话框中的"是"按钮，弹出显示用户注册信息窗体；单击"取消"按钮，关闭会员注册窗体。

知识引入

1. 单选按钮（RadioButton）和分组框（GroupBox）

单选按钮（RadioButton）控件支持点选和不点选两种状态，在文字前面用一个可以点选的圆点来表示。当同一个"容器"中有多个 RadioButton 控件时，它们自动被识别为一组，一次只能有一个 RadioButton 控件被选中。所以，如果有 3 个选项，例如 Red、Blue、Green，若 Red 被选中，而用户再去单击 Blue，则 Red 会自动取消选中。这种特性适合于允许用户仅选取一个选项的情况。例如，用户对于性别的选择。

RadioButton 常用的属性、方法和事件如表 4-5 所示。

表 4-5　RadioButton 常用的属性、方法和事件

属性、方法和事件		描　　述
属　　性	Name	获取或设置控件的名称
	CheckBox	布尔值，该值指示是否已选中控件
方　　法	Focus()	为控件设置输入焦点
	Hide()	对用户隐藏控件
	Show()	向用户显示控件
事　　件	Click	在单击控件时发生
	CheckedChanged	当 Checked 属性的值更改的时发生

"容器"的概念：所谓"容器"就是可以装控件的对象，比如窗体本身就是一个容器，分组框控件也是一种典型的容器控件，可以使用 GroupBox 对单选按钮进行分组。在 WinForm 应用程序开发中，RadioButton 控件经常和 GroupBox 控件结合起来使用。单选按钮的特点是当选中其中的一个时，其余自动关闭，当需要在同一窗体中建立几组相互独立的单选按钮时，就需用 GroupBox 控件将第一组单选按钮框起来，这样在一个框内对单选按钮的操作，就不会影响框外其他组的单选按钮。

编码标准：单选按钮控件前面加 rad 前缀，分组控件前面加 grp 前缀。

单选按钮、分组框示例，如图 4-14 所示。

视　频

单选按钮与
分组框

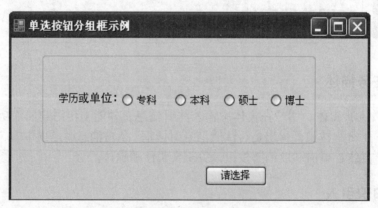

图 4-14　单选按钮、分组框示例

2. 复选框（CheckBox）

复选框（CheckBox）支持勾选和不勾选两种状态，在文字前面用一个勾选的框来表示。与单选按钮不同，复选框允许用户选取多个选项。

在实际应用中，多个复选框可以同时存在，并且相互独立。即在多个复选框中，同时可以有一个或多个被选中。

复选框的常用属性、方法和事件与单选按钮非常相似，不再重复列出。

3. 列表框（ListBox）和组合框（ComboBox）

（1）列表框（ListBox）：列表框控件显示一个项的列表，用户可以从中选择一项或多项。列表框中的每个选项被称为项（Item）。列表框控件的主要属性、方法和事件如表 4-6 所示。

表 4-6　ListBox 的主要属性、方法和事件

	属性、方法和事件		描　述
属　性	Items		获取 ListBox 里所有的项
	SelectedIndex		ListBox 中当前选中项从零开始的索引
	SelectedItem		获取 ListBox 中当前选中的项
	Text		获取 ListBox 中当前选中项的文本
方　法	ClearSelected()		清除 ListBox 中所有选中的项
事　件	SelectedIndexChanged		ListBox 控件当前选择的项的索引变化时执行

　　向列表框控件中添加选项有两种方式：一种方式是通过设计窗体的属性对话框，先选中 ListBox 控件，然后选择属性对话框中的 Item 属性，进入字符串集合编辑器对话框，进行选项添加；还有一种方式是通过编写代码的方式。

　　（2）组合框（ComboBox）：组合框也称下拉列表框，可以通过下拉列表框列出用户可做出的选择，并允许用户选择其中一项，程序可以读取被选择的项，从而得到用户数据。组合框控件（ComboBox）与列表框控件（ListBox）的常用属性和事件非常相似，如表 4-7 所示。

表 4-7　ComboBox 常用的属性、方法和事件

	属　性		描　述
属　性	DropDownStyle		获取或设置组合框控件的样式，为一个枚举值
	Items		获取 ComboBox 里的所有项
	SelectedIndex		获取 ComboBox 中当前选中项的从零开始的索引
	SelectedItem		获取 ComboBox 中的当前选中的项
	Text		获取 ComboBox 中当前选项的文本
方　法	SelectAll()		选择 ComboBox 可编辑部分文本中所有的文本
事　件	SelectedIndexChanged		在 SelectedIndex 属性更改后发生

　　编码标准：在列表框控件名前加 lst 前缀，在下拉列表控件名前加 cbo 前缀。

　　4. 图片框（PictureBox）和图像列表（ImageList）

　　（1）图片框（PictureBox）：PictureBox 控件是专门用于显示图片的控件。可用于显示包括 *.bmp（位图文件）、*.gif、*.jpg、*.ico（图标文件）等格式图形文件。PictureBox 控件常用的属性和方法如表 4-8 所示。

表 4-8　PictureBox 常用的属性和方法

	属性和方法		描　述
属　性	Image		获取或设置 PictureBox 显示的图片
	SizeMode		设置如何显示图像。可以指定不同的模式，如 AutoSize、CenterImage、Normal 和 StretchImage，默认为 Normal
方　法	Show()		用于向用户显示控件

（2）图像列表（ImageList）：ImageList 控件用于存储其他控件（如 PictureBox 控件等）需要的图像。用户在图像列表中保存的图像可以使图片（*.bmp、*.jpg、*.gif 等）和图标（*.ico）。图像列表控件和定时器控件一样，添加该控件不会在窗体上显示，而是显示在窗体下方。

图像列表控件中的图像保存它的 Images 属性中，这个属性是一个集合，可以在设计窗体下通过单击"属性"窗体中的 Images 旁边的"…"按钮打开"图像集合编辑器"对话框，为其添加图像，如图 4-15 所示。

图 4-15 "图像集合编辑器"对话框

 **任务实现**

【例 4-2】会员管理系统注册窗体（FrmRegister）实现。

（1）设计会员管理系统显示会员注册信息窗体 FrmInfo，如图 4-16 所示。

视频

会员注册

图 4-16 "会员注册信息"窗体

打开 FrmInfo 窗体，为其添加一个公共成员方法，代码如下：

```
public void showUserInfo(string userName, string password, string city, string
member, string sex, string hobby, string shen, string path)
```

```
{
    txtInfo.Text = " 姓名:   " + userName;
    txtInfo.Text += "\r\n 密码:   " + password;
    txtInfo.Text += "\r\n 性别:   " + sex;
    txtInfo.Text += "\r\n 爱好:   " + hobby;
    txtInfo.Text += "\r\n 省份:   " + shen;
    txtInfo.Text += "\r\n 城市:   " + city;
    txtInfo.Text += "\r\n 备注:   " + member;
    txtInfo.Text += "\r\n 图片文件路径:  " + path;
}
```

（2）设计会员管理系统注册窗体 FrmRegister，如图 4-17 所示。

图 4-17 "会员注册"窗体

● 双击 FrmRegister 窗体的"注册"按钮，为其添加如下代码：

```
private void button3_Click(object sender, EventArgs e)
{
    OpenFileDialog ofdg = new OpenFileDialog();
    ofdg.InitialDirectory = "e:\\";
    DialogResult dr = ofdg.ShowDialog();
    if (dr == System.Windows.Forms.DialogResult.OK)
    {
        path = ofdg.FileName;
        picImg.Image = Image.FromFile(path);
    }
}
```

● 为省份组合框 SelectedIndexChanged 事件添加如下代码：

```
private void cmbShen_SelectedIndexChanged(object sender, EventArgs e)
{
    lstCity.Items.Clear();
    int index = cmbShen.SelectedIndex;
```

```
        if (index == 0)
        {
            lstCity.Items.Add("石家庄市");
            lstCity.Items.Add("保定市");
        }
        if (index == 1)
        {
            lstCity.Items.Add("武汉市");
            lstCity.Items.Add("黄冈市");
            lstCity.Items.Add("荆州市");
        }
        if (index == 2)
        {
            lstCity.Items.Add("长沙市");
            lstCity.Items.Add("湘潭市");
            lstCity.Items.Add("岳阳市");
        }
        if (index == 3)
        {
            lstCity.Items.Add("广州市");
            lstCity.Items.Add("东莞市");
            lstCity.Items.Add("深圳市");
        }
    }
```

- 双击 FrmRegister 窗体的"注册"按钮，为其添加如下代码：

```
private void btnReg_Click(object sender, EventArgs e)
{
    string userName = txtUser.Text;        // 获取用户名
    string password = txtPwd.Text;         // 获取密码
    // 获取性别
    string sex = "";
    if (rdoMale.Checked)
    {
        sex = rdoMale.Text;
    }
        else if (rdoFemale.Checked)
    {
        sex = "女";
    }
    else
    {
        sex = "未选择";
    }
    // 获取爱好
    string hobby = "";
    foreach (CheckBox chk in grpHobby.Controls)
    {
        if (chk.Checked)
        {
            hobby += chk.Text;
        }
    }
    // 获取省份
```

```
string shen = cmbShen.Text;
string city = "";           //城市
int count = lstCity.SelectedItems.Count;   //获取所有被选中的城市数量
for (int i = 0; i < count; i++)
{
city += lstCity.SelectedItems[i].ToString(); //SelectedItems[i]:表示获取指定索
                                             //引位置的项
}
string member = txtMember.Text;  //获取备注
DialogResult dr = MessageBox.Show("是否注册？", "提示框",
MessageBoxButtons.YesNo, MessageBoxIcon.Question);
if (dr == System.Windows.Forms.DialogResult.Yes)//如果用户选择的是"是"
{
    FrmInfo fi = new FrmInfo();   //创建一个窗体对象
    fi.Show();                    //弹出窗体
    fi.showUserInfo(userName, password, city, member, sex, hobby, shen,
path);
}
}
```

● 双击 FrmRegister 窗体的"取消"按钮，为其添加如下代码：

```
private void button2_Click(object sender, EventArgs e)
{
    Application.Exit();
}
```

 任务小结

（1）WinForm 中单选按钮的使用。

（2）可以使用分组框对控件进行分组。

（3）WinForm 中复选框的使用。

（4）用 PictureBox 可显示图片入。

 **实现主窗体功能**

 任务描述

　　显示会员注册主窗体，用户可以在主窗体主菜单中选择"会员注册"命令，则系统打开会员注册窗体供用户注册，实现注册功能；若选择"会员登录"命令，则系统打开会员登录窗体供用户登录，实现登录功能；如果选择"退出"命令，关闭会员注册主窗体，退出整个系统运行。

 知识引入

1. 菜单

　　在 Windows 应用程序中，菜单是重要界面元素，它将应用程序的命令按分组以选择列表的方式呈现出来，从而增加了程序的可用性。

在窗体中，分为主菜单（MenuStrip）和上下文菜单（ContextMenuStrip）两种。图 4-18 所示为记事本主菜单，图 4-19 所示为在记事本文本编辑区右击弹出的上下文菜单（即快捷菜单）。

图 4-18　记事本主菜单

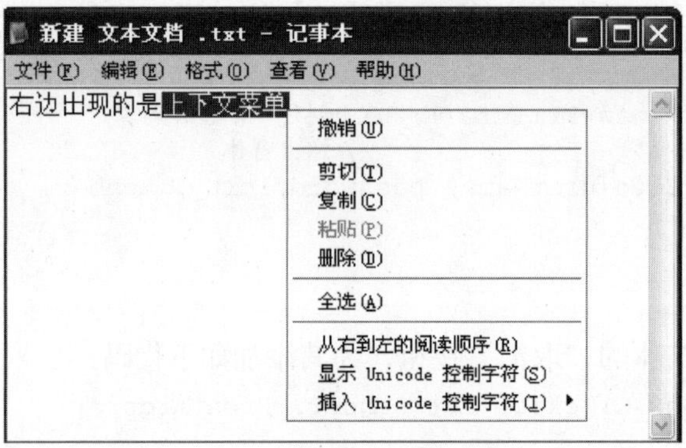

图 4-19　上下文菜单

（1）创建菜单栏、菜单项。在 VS 2015 中可以使用其提供的菜单设计器向菜单中添加菜单项和设置菜单的属性。

从工具栏中选择 MenuStrip 菜单控件，拖放到当前设计的窗体中，菜单控件会显示在窗体设计器下方，同时在窗体的顶部会出现一个菜单编辑区，在第一行"请在此处键入"内可输入主菜单名称，在对应的主菜单项下面"请在此处键入"内可输入对应主菜单下的子菜单名称，如图 4-20 所示。

图 4-20　模拟记事本菜单项

每一个菜单项都可以添加多个子菜单项,子菜单项本身也可以再添加子菜单。

编码标准:在菜单项控件名前加 mnu 前缀。

菜单项常用的属性和事件如表 4-9 所示。

表 4-9 菜单项常用的属性和事件表

属性和事件		描 述
属 性	Text	菜单项要显示的文本
	Name	设置菜单项的 ID
	ShortcutKeys	设置菜单项激活的快捷键
	Enabled	菜单项是否响应外部事件
	Visible	菜单项是否可见
	Show ShortcutKeys	是否显示菜单项的快捷键
事 件	Click	菜单项单击时会响应的事件

菜单项添加完后,就可以为菜单项添加快捷键,只需在菜单项 Text 属性中添加"&"即可。例如,给图 4-20 中"保存"主菜单添加快捷键,将"保存"Text 属性值设置为"保存 (&S)",形成的快捷键为 [Alt + S]。

还可以为菜单项设置快捷键,可以在代码中通过设置属性,也可以在设计视图模式下通过设置其 ShortcutKeys 属性,如图 4-21 所示。

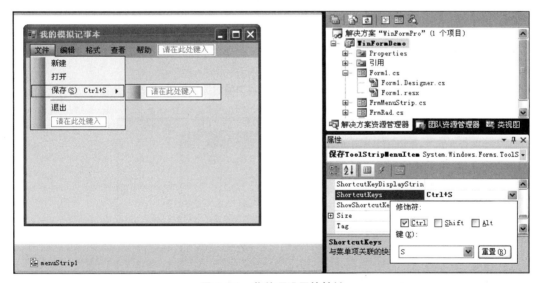

图 4-21 菜单项设置快捷键

要在两个菜单项之间添加分隔条,可在这两个菜单项间添加一新菜单项,然后将其 Text 属性设计为"-"(半角),该菜单项就会以分隔条的形式显示在菜单上。如图 4-21 所示,在"保存"和"退出"间添加了分隔条。

(2)响应菜单事件。每个菜单项都是一个独立的控件,都可以响应一个独立的事件过程。一般都响应单击(Click)事件。

【例4-3】双击图4-21中的"退出"菜单项为其添加响应菜单事件。

```
private void 退出ToolStripMenuItem_Click(object sender, EventArgs e)
{
    DialogResult dr = MessageBox.Show("你真的要退出当前应用程序吗？","退出提示",
    MessageBoxButtons.YesNo,MessageBoxIcon.Question);
    if(dr == System.Windows.Forms.DialogResult.Yes)
    {
        Application.Exit();
    }
}
```

运行应用程序，选择"退出"命令时，运行效果如图4-22所示。

（3）上下文菜单（ContextMenuStrip）。上下文菜单不会在窗体的顶部显示，是在需要时响应窗体的右击事件，在右击的位置弹出。

在窗体设计模式下添加 ContextMenuStrip 控件，如图4-23所示。

图4-22　单击"退出"菜单项时运行效果

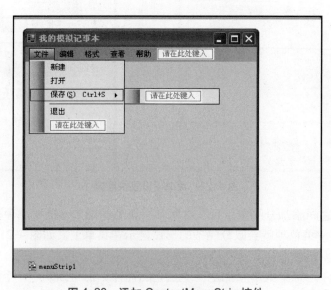

图4-23　添加 ContextMenuStrip 控件

【例 4-4】运行应用程序，在模拟记事本中右击，弹出上下文菜单。

```
private void textBox1_MouseClick(object sender, MouseEventArgs e)
{
    // 判断是否为右击
    if (e.Button == MouseButtons.Right)
    {
        cmnuEdit.Show(this, e.X, e.Y);
    }
}
```

运行应用程序，在模拟记事本中右击，效果如图 4-24 所示。

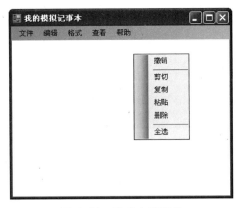

图 4-24　弹出右键菜单

2. 多文档（MDI）窗体

多文档窗体（MDI）指的是可以在一个界面中同时对多个文档进行操作。例如，Microsoft Excel 2016 就是一个典型的多文档窗体，可以同时打开多个工作簿进行操作，对其中的一个工作簿进行操作时，不会影响也不需要关闭其他工作簿。

在应用程序中，往往需要设计多文档窗体，这样在一个主窗体中就可以同时运行多个子窗体。

多文档应用程序（MDI）运行时能够同时打开多个子文档，这样多文档应用程序就需要有一个窗体作为容器来存放多个"子窗体"，这个容器窗体称为主窗体，如启动 Excel 主界面。设置主窗体只需要将普通窗体的 IsMDIContainer 属性设置为 true 就变成主窗体。

创建好的多文档主窗体如图 4-25 所示。

视　频 ●······

多文档窗体
·······●

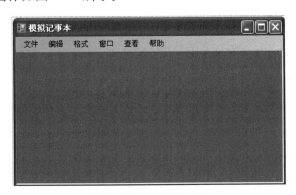

图 4-25　多文档主窗体

现在可以向创建好的主窗体添加子窗体，可以将多文档的子窗体看成是显示在主窗体容器中的普通窗体。

【例 4-5】主窗体中"文件"→"新建"被单击时响应事件。

```
private void mnsNew_Click(object sender, EventArgs e)
{
    FrmDocument fd = new FrmDocument();
    fd.MdiParent = this;
    fd.Show();
}
```

运行应用程序，在主窗体中单击"新建"命令若干次，运行效果如图 4-26 所示。

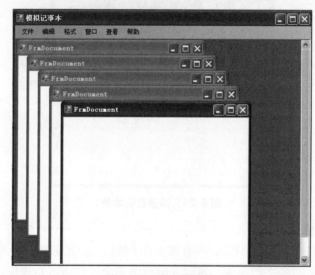

图 4-26　多文档窗体

子窗体显示时，只能在父窗体区域内移动、改变窗口大小等。如果子窗体包含有菜单，默认情况下子窗体不显示菜单，该菜单将会合并到主窗体中显示。也可以通过修改子窗体菜单的 ArrowMerge 属性为 False，禁止默认合并到主窗体中。

MDI 主窗体常用的属性、方法和事件如表 4-10 所示。

表 4-10　MDI 主窗体常用的属性、方法和事件

属性、方法和事件		描　述
属　性	MdiChildren	获取当前主窗体下所有的子窗体对象
	MdiParent	获取或设置 MDI 子窗体的父窗体
	ActiveMdiChild	获取当前活动（正在操作）的 MDI 子窗体
方　法	ActiveMdiChild()	激活某一子窗体
	LayoutMdi()	在 MDI 父窗体中排列多个子窗体
事　件	Close	关闭窗体时触发的事件
	Closing	正在关闭窗体时触发的事件
	MdiChildActivate	激活或关闭 MDI 子窗体时，将会触发的事件

任务实现

会员管理系统主窗体实现，选择"会员注册"命令时在主窗体中打开会员注册窗体，供用户注册；选择"会员登录"命令时在主窗体中打开会员登录窗体，供用户登录；选择"退出"命令时退出整个应用程序运行。

【例4-6】设计主窗体，如图4-27所示。

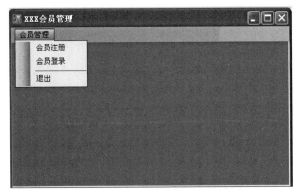

图4-27 会员管理主窗体

（1）主窗体"会员注册"命令被单击时响应事件。代码如下：

```
private void 会员注册ToolStripMenuItem_Click(object sender, EventArgs e)
{
    FrmRegister fr = new FrmRegister();
    fr.MdiParent = this;
    fr.Show();
}
```

运行应用程序，当单击"会员注册"命令时，运行效果如图4-28所示。

图4-28 会员注册

（2）主窗体"会员登录"被单击时响应事件。代码如下：

```
private void 会员登录ToolStripMenuItem_Click(object sender, EventArgs e)
{
    FrmLogin fl = new FrmLogin();
    fl.MdiParent = this;
    fl.Show();
}
```

运行应用程序，当单击"会员登录"命令时，运行效果如图 4-29 所示。

（3）主窗体"退出"命令被单击时响应事件。代码如下：

```
private void 退出ToolStripMenuItem_Click(object sender, EventArgs e)
{
    DialogResult dr = MessageBox.Show("你真的要退出当前应用程序吗？", "退出提示",
    MessageBoxButtons.YesNo, MessageBoxIcon.Question);
    if (dr == System.Windows.Forms.DialogResult.Yes)
    {
        Application.Exit();
    }
}
```

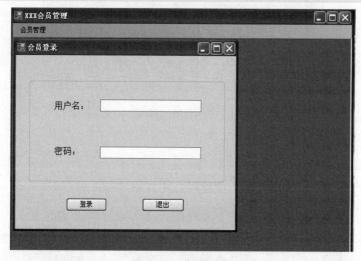

图 4-29　会员登录

 任务小结

（1）主菜单和上下文菜单的应用程序中的使用。

（2）多文档窗体的设计和使用。

知识拓展

1. 定时器控件 Timer

Timer 控件可以使程序每隔一定的时间来执行相同的任务。定时器控件按照指定的时间间隔来触发事件，用户可以使用这个事件来执行周期性的操作。其主要属性、方法和事件如表 4-11 所示。

表 4-11　Timer 控件主要属性、方法和事件

属性、方法和事件		描　　述
属　性	Enabled	指定时钟是否处于运行状态，是否可以触发事件
	Interval	指定定时器控件能触发事件的时间间隔，单位为毫秒
方　法	Start()	启动时钟，即把定时器控件的 Enabled 属性设置为 True
	Stop()	停止时钟，即把定时器控件的 Enabled 属性设置为 False
事　件	Tick	每当用户指定的时间间隔到达后所要执行的时间

编码标准：在定时器控件名前面加 tmr 前缀。

定时器控件在运行时是不可见的，当把定时器控件添加到窗体上时，该控件会被安排到窗体的下方显示，与任务栏图标等控件类似。

2. 进度条控件（ProgressBar）

ProgressBar 控件使用矩形方块从左至右显示某一过程的进度情况。例如。在复制某一文件时，常常有一个代表安装进度的变化长条，这种能够表示进度的长条就是进度条。表 4-12 所示为进度条控件的常用属性和方法。

表 4-12　ProgressBar 控件的常用属性和方法

属性和方法		描　　述
属　性	Maximun	该属性表示进度条控件的最大值，默认为 100
	Minimun	该属性表示进度条控件的最大值，进度条从最小值开始递增，直到达到最大值，默认为 0
	Step	获取或设置调用 PerformStep 方法增加进度条的当前位置时所根据的数量
	Value	获取或设置进度条的当前位置
方　法	Increm()	按指定的数量增加进度条的当前位置
	PerformStep()	按照 Step 属性的数量增加进度条的当前位置

编码标准：在进度条控件名前面加 pgr 前缀。

3. 选项卡

选项卡控件（TabControl）由多个选项卡子控件构成，每个选项卡都是一个独立的"容器"，因此选项卡中可包含其他控件，这种控件在 Windows 操作系统中的许多地方都可以找到，例如文件的"属性"对话框、控制面板中的"网络配置"对话框等。

TabControl 控件最重要的属性是 TabPages，该属性可以获取和设置控件中所包含的选项卡集合。单击选项卡时，将触发被单击的 TabPage 对象的 Click 事件。在 TabControl 控件的"属性"窗体中单击 TabPages 属性右边的"…"按钮，弹出"TabPage 集合编辑器"对话框，如图 4-30 所示。

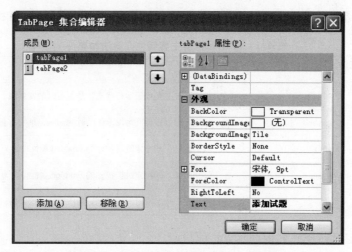

图 4-30 "TabPage 集合编辑器"对话框

表 4-13 所示为 TabCoutrol 控件的常用属性和事件。

表 4-13 TabCoutrol 控件的常用属性和事件

属性和事件		描 述
属性	MultiLine	获取或设置一个值，该值显示是否允许多行选项卡
	SelectedIndex	获取或设置当前选定的选项卡页的索引
	SelectedTab	获取或设置当前选定的选项卡页
	ShowToolTips	获取或设置一个值，该值指示当鼠标移到选项卡上时是否显示该选项卡的"工具提示"
	TabCount	获取选项卡条中选项卡的数目
事 件	SelectedIndexChanged	更改 SelectedIndex 属性时，将触发该事件

编码标准：在选项卡控件名前加 tab 前缀。

● 文 档

项目4
实施评价表

项目总结

（1）窗体提供了收集、显示和传送信息的界面，是类的对象，有两种方式显示窗体。

（2）消息框用于显示消息，与用户交互。

（3）列表框控件是列出所有选项的清单控件。

（4）MDI 多文档窗体，就是可以在一个界面中同时对多个文档进行操作。

常见问题解析

（1）为什么不能从第一个窗体跳转到第二个窗体，并在第二个窗体中显示第一个窗体的用户注册信息？

首先对第二个窗体实例化一个窗体对象，其次通过窗体对象调用 show() 方法即可弹出第二个窗体，再调用第二个窗体的显示用户注册信息的方法即可。具体实现方法：

- 第一个窗体的事件代码：

```
FrmInfo fi = new FrmInfo();    // 创建第二个窗体对象
fi.Show();                     // 弹出第二个窗体
fi.showUserInfo(userName, password, city, member);
```

- 第二个窗体的代码：

```
// 接收第一个窗体注册信息方法
public void showUserInfo(string userName,string password,string city,string member) {
    ...
}
```

(2) 如何设置 MDI 窗体？

- 设置父窗体的属性：将 IsMdiContainer 设置成 true。
- 在 MDI 窗体中打开子窗体：

```
FrmMain fm = new FrmMain();    // 创建一个新的 FrmMain 窗体（子窗体）对象
fm.MdiParent = this;           // 设置新对象 fm 的 MDI 父窗体为本窗体
fm.Show();                     // 使该窗体显示出来
```

习　题

一、选择题

1. 在 WinForms 中，已知有一个名为 Form1 的窗体，请问下列代码执行过程中，最先触发的事件是（　　）。（选一项）

　　A. Load　　　　B. Activated　　　　C. Closing　　　　D. Closed

2. 通过（　　）可以设置消息框中显示的按钮。（选一项）

　　A. Button　　　B. DialogButton　　　C. MessageBoxButtons　D. MessageBoxIcon

3. 在 WinForms 窗体中，如果不使用分组控件来分组单选按钮，而是直接拖动两个单选按钮放置在窗体中，则以下说法正确的是（　　）。（选一项）

　　A. 两个单选按钮可以同时被选中，即被看作是两个单独的组

　　B. 如果窗体中还存在其他的已经分组的单选取按钮，则这两个单选按钮自动被加入该组

　　C. 两个单选按钮被自动默认为一组

　　D. 运行报错，提示必须使用分组控件对单选取按钮进行分组

4. WinForms 程序中，如果复选框控件的 Checked 属性值设置为 True，表示（　　）。（选一项）

　　A. 该复选框被选中　　　　　　　B. 不显示该复选框的文本信息

　　C. 该复选框不被选中　　　　　　D. 显示该复选框的文本信息

5. WinForms 窗体的（　　）属性用来设置其是否为多文档窗体。（选一项）

　　A. MDI　　　　B. MDIParant　　　　C. IsMdiContainer　　　D. IsMDI

二、简答题

1. Windows 窗体常用的基本属性有哪些？

2. 标签和文本框控件功能上的主要区别是什么？

3. 当在应用程序中添加了多个窗体后，如何设置启动窗体？

三、实践题

1. 设计一个简单的计算器，在文本框中，显示输入值和计算结果，用命令按钮作为数字键和功能键。

2. 设计一个"通讯录"程序，当用户在一个下拉式列表框中选择一个学生的姓名后，在"电话号码""地址"两个文本框中分别显示出对应的电话号码和家庭地址。

3. 在窗体上创建一个文本框显示"WinForm 技术应用"，另一个分组控件上创建一组复选框，提供对删除线、下画线的修饰效果选择，用一个命令按钮控件显示效果的转换。

项目 5

智能大棚控制系统

智能大棚控制系统实现了智能大棚的温度、光敏数值监控及控制功能。本项目模拟实现了大棚环境温度及光敏的监测、通过数据分析控制风扇和灯光的打开和关闭控制，为智能农业提供解决方案。

Windows 为多任务操作系统，操作系统在处理任务时采用多线程技术，C# 引入了多线程技术，通过多线程技术能够提高程序的执行效率，减少系统资源的浪费。面向对象的程序设计在图形用户界面开发中采用了事件处理机制，通过事件处理实现程序的交互。.NET Framework 在处理事件中引入了委托的概念，委托在 C# 中是一个特殊的对象类型，委托的使用是安全的、面向对象的，通过委托实现方法的调用。

学习目标

- 掌握线程的定义及使用。
- 掌握委托的定义及使用。
- 掌握事件的定义及使用。

项目描述

项目运行后，自动监测大棚内环境温度及光敏数据，数据每隔 5s 自动进行刷新，风扇状态和 RGB 状态初始处于"关闭"状态，程序启动运行效果如图 5-1 所示。

如果监测到温度超过 30℃，则自动打开风扇，风扇变为"打开"状态，如果监测到光敏数据超过 120，则自动打开 RGB 灯，RGB 灯变为"打开"状态，如图 5-2 所示。

如果监测到温度低于 30℃，则自动关闭风扇，风扇变为"关闭"状态，如果监测到光敏数据低于 120，则自动关闭 RGB 灯，RGB 灯变为"关闭"状态，如图 5-3 所示。

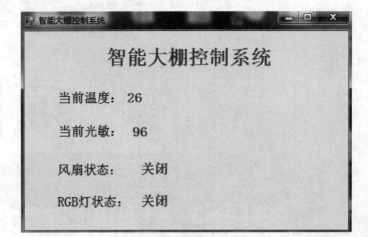

图 5-1　项目启动运行效果图

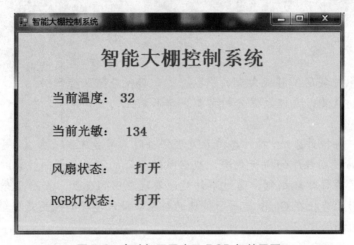

图 5-2　自动打开风扇及 RGB 灯效果图

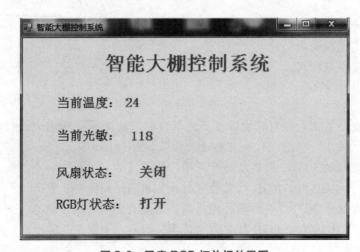

图 5-3　风扇 RGB 灯关闭效果图

**工作任务**

- 任务 1：刷新线程实现页面。
- 任务 2：刷新委托实现页面。
- 任务 3：刷新事件引发页面。

任务 1　刷新线程实现页面

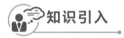**任务描述**

系统运行通过随机函数模拟生成温度及光敏随机数据，通过后台线程获取随机数据并显示，数据每隔 5s 自动刷新，系统运行过程中对数据进行分析，如果温度超过 30℃，则打开风扇，否则关闭风扇，如果光敏大于 100，则打开 RGB 灯，否则关闭 RGB 灯。

知识引入

1. 线程

线程（Thread）是操作系统能够进行运算调度的最小单位，一个进程中可以并发多个线程，每条线程并行执行不同的任务，多个线程并发执行能提高程序的执行效率。C# 支持多线程并发，C# 能过命名空间 System.Threading 支持线程对象，Thread 类用来创建线程对象。例如：

```
Thread    t1=new Thread(show);
```

其中，Show 为要执行的方法名，Thread 类的常用属性如表 5-1 所示。

表 5-1　Thread 类的常用属性表

属　　性	描　　述
CurrentContext	获取线程正在其中执行的当前上下文
CurrentThread	获取当前正在运行的线程
IsAlive	判断当前线程是否处于活动状态
IsBackground	获取或设置取线程是否为后台线程
Name	获取或设置线程的名称
ThreadState	当前线程的状态

Thread 类的常用方法如表 5-2 所示。

表 5-2　Thread 类的常用方法表

方　　法	描　　述
public void Abort()	终止此线程的过程，调用此方法通常会终止此线程
public void Interrupt()	中断处于 WaitSleepJoin 线程状态的线程
public void Join()	阻塞调用线程
public static void ResetAbort()	取消为当前线程请求的 Abort
public void Start()	线程启动运行
public static void Sleep( )	让线程暂停一段时间

● 视　频

线程的定义

【例 5-1】线程的定义。

```
static void Main(string[] args)
{
    Thread  t = new Thread(show);
    t.Start();
    for (int i = 0; i < 50; i++)
    {
        Console.WriteLine("ok");
    }
}
static void show()
{
    for (int i = 0; i < 50;i++ )
    {
        Console.WriteLine("hello");
    }
}
```

　　Thread 类对象 t 通过构造方法 new Thread(show) 进行实例化，参数为静态方法名 show，表示线程要做的事情。线程通过 start( ) 方法启动执行，程序执行时 Main() 方法为主线程，在主线程中输出 ok。t 为子线程，子线程启动后输出 hello，主线程和子线程并发执行，通过输出结果观察，可以看到 hello 和 ok 会交叉输出，如图 5-4 所示。

● 视　频

线程的方法调用

【例 5-2】线程的方法调用。

```
static void Main(string[] args)
{
    Thread t = new Thread(print);
    t.Start();
}
public static void print()
{
    for (int i = 5; i>0; i--)
    {
        Console.WriteLine(i);
        Thread.Sleep(i * 1000);
    }
}
```

图 5-4　例 5-1 程序运行结果

　　程序运行输出 5，4，3，2，1。输出时间越来越快，通过 Thread.Sleep() 方法可以使线程睡眠一段时间，时间单位为毫秒，1000 为 1s。

2. Random 类

Random 类表示随机数生成器，通过 Random 类可以产生满足条件的随机数，Random 类有两种构造方法：

（1）Random()：表示根据当前系统时间为种子，产生随机数。

（2）Random(Int32)：表示根据设置的种子产生随机数。

因为计算机的运行速度很快，如果以当前时间为种子，连续产生的随机数可能都是重复的，因此 Random 称为伪随机数生成器。一般在应用中根据需要，使用算法产生一系列相对重复度比较小的随机数，Random 实例对象主要通过 Random 类的方法生成随机数，Random 类的主要方法如表 5-3 所示。

表 5-3　Random 类的主要方法

方　　法	描　　述
Next ()	返回一个非负随机整数
Next(Int32)	返回一个小于所指定最大值的非负随机整数
Next(Int32，Int32)	返回在指定范围内的任意整数
NextDouble( )	返回一个大于或等于 0.0 且小于 1.0 的随机浮点数
Sample( )	返回一个大于或等于 0.0 且小于 1.0 的随机浮点数，该方法为 protected，访问级别不同，其他方法为 public

【例 5-3】Random 类生成随机数。

```
static void Main(string[] args)
{
    Random rand = new Random();
    Console.WriteLine(rand.Next());
    Console.WriteLine(rand.Next(5));
    Console.WriteLine(rand.Next(5,10));
    Console.WriteLine(rand.NextDouble());
}
```

程序运行分别输出不同范围的数据。

● 视 频

跨线程更新UI

3. 跨线程更新 UI

在多线程操作中，如果子线程需要访问主线程创建的控件，特别是子线程希望随时更新主线程创建控件的外观，在 .NET 2.0 后系统可能会抛出异常，导致程序不能运行。这主要是出于安全考虑，CheckForIllegalCrossThreadCalls 的值在 .NET 2.0 后默认为 true，表示在访问非创建线程控件时会进行安全考虑，系统将抛出异常。

【例 5-4】新建一个 Windows 窗体项目，程序界面如图 5-5 所示。要求实现当单击按钮 button1 后，上面的标签在"红色"变为"蓝色"，并且每隔 2s 在两种颜色之间进行切换。编写 button1 的 click 事件代码。

图 5-5　程序界面效果

```
private void button1_Click(object sender, EventArgs e)
{
    Thread t = new Thread(setText);
    t.IsBackground = true;
    t.Start();
}
private void setText()
{
    while(true)
    {
        if(label1.Text.Equals("红色"))
        {
        label1.Text = "蓝色";
        }
```

```
        else
        {
            label1.Text = " 红色 ";
        }
        Thread.Sleep(2000);
    }
}
```

运行程序，单击按钮 button1 后，程序报错，抛出异常，如图 5-6 所示。

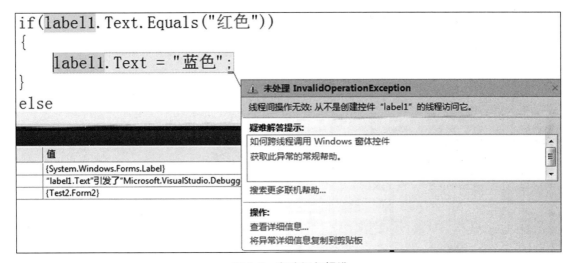

图 5-6　程序运行报错

这时在窗口构造函数中使用语句 Control.CheckForIllegalCrossThreadCalls = false 将 CheckForIllegalCrossThreadCalls 设置为 false，程序将不进行安全检查，正常执行。

 **任务实现**

（1）新建 Windows 窗体应用程序项目，添加控件及属性设置，如表 5-4 所示。

表 5-4　窗体控件及属性设置表

控 件	属 性	值
Form1	Text	智能大棚控制系统
Form1	Size	480，360
Label1	Text	智能大棚控制系统
Label2	Text	当前温度
Label3	Text	null
Label3	Name	lblTemp
Label4	Text	当前光敏
Label4	Name	lblPhoto
Label5	Text	风扇状态

控　件	属　性	值
Label6	Text	关闭
Label6	Name	lblFs
Label7	Text	RGB 灯状态
Label8	Text	关闭
Label8	Name	lblRgb

（2）添加页面事件代码：

```
public Form1()
{
    InitializeComponent();
    Control.CheckForIllegalCrossThreadCalls = false;
}
private void Form1_Load(object sender, EventArgs e)
{
    Thread t = new Thread(setVal);
    t.IsBackground = true;
    t.Start();
}
// 随机生成温度
private int getWd()
{
    int result = -1;
    Random rand = new Random();
    result = rand.Next(20,35);
    return result;
}
// 随机生成光敏
private int getPhoto()
{
    int result = -1;
    Random rand = new Random();
    result = rand.Next(50, 150);
    return result;
}
// 读取值
private  void setVal()
{
    while(true){
    int wdNum = getWd();
    lblTemp.Text =wdNum.ToString();
    if (wdNum >= 28)
    {
        lblFs.Text=" 打开 ";
    }
    else
    {
        lblFs.Text = " 关闭 ";
    }
```

```
        int photoNum = getPhoto();
        lblPhoto.Text = photoNum.ToString();
        if (photoNum >= 100)
        {
            lblRgb.Text = "打开";
        }
        else
        {
            lblRgb.Text = "关闭";
        }
        Thread.Sleep(5000);
    }
}
```

 任务小结

（1）线程是操作系统运算调度的最小单位，多线程协作能提高程序执行效率。

（2）线程有多种状态，线程通过 start() 启动执行，通过 sleep() 进入睡眠状态。

（3）子线程访问主线程控件状态可能抛出异常信息。

任务 2 刷新委托实现页面

任务描述

在任务 1 中通过设置 Control.CheckForIllegalCrossThreadCalls = false; 避免了系统对子线程访问主线程更新 UI 控件的安全检查，这样可以避免程序因为刷新界面出现的"假死"现象。但在实际应用中，因为多线程可能同时访问主线程同一控件，在线程数不多的情况下可能看不出问题，但在线程数量增多及访问 UI 控件频率增大的情况下可能导致数据错误。因此，当子线程访问主线程申请控制 UI 控件后，最好有一个应答的过程，在访问前申请，在访问后告之。本任务通过委托及 control.Invoke 和 Control.BeginInvoke 实现 UI 控件的刷新实现项目功能。

知识引入

1. 委托

委托是 .NET Framework 引入的概念，它是面向对象的，类似于 C 语言中的函数指针，通过委托可以调用 C# 中的方法。委托是一种特殊的对象类型，定义一个委托可以同时引用多个方法。委托只是定义了这一类方法的参数类型和参数个数，不指定具体的方式功能。在实例化委托时通过方法参数具体到特定的方法，通过调用委托实现方法的调用执行。

使用委托方法如下：

（1）定义委托。

（2）实例化委托。

（3）调用委托。

在 C# 中使得 delegate 关键字定义委托，语法如下：

```
[访问修饰符] delegate    返回值类型   委托名（[参数列表]）；
```

例如：

```
public   delegate  int   GetData( int  a, int  b);
```

【例 5-5】委托的定义。

视 频

委托的定义
与调用

```csharp
using System;
using System.Collections.Generic;
using System.Text;
namespace Demo5_4
{
    class Program
    {
        //定义委托
        public delegate int GetData(int n);
        public static int GetSum(int n)
        {
            int sum = 0;
            for (int i = 1; i <= n;i++ )
            {
                sum += i;
            }
            return sum;
        }
        public static int GetFac(int n)
        {
            int fac = 1;
            for (int i = 1; i <= n; i++)
            {
                fac *= i;
            }
            return fac;
        }
        static void Main(string[] args)
        {
            GetData getsum = new GetData(GetSum);
            GetData getfac = new GetData(GetFac);
            Console.WriteLine(getsum(5));
            Console.WriteLine(getfac(5));
        }
    }
}
```

程序运行结果如图 5-7 所示。

这时委托指向的是静态方法，如果委托指向实例方法，需要通过类的实例对象调用方法。

图 5-7　例 5-4 程序运行结果

【例 5-6】指向实例方法的委托使用。

```
public delegate  void  show();
class Demo5
{
    public void msgShow()
    {
        Console.WriteLine("考试时间到");
    }
}
class Program
{
    static void Main(string[] args)
    {
        show msgshow = new show( new Demo5().msgShow);
        msgShow();
    }
}
```

在程序开发中，如果有的方法调用必须使用委托作参数，也可不定义委托指向的方法，使用匿名委托或实例化委托时使用匿名方法。

【例 5-7】匿名委托的使用。

```
public delegate void show();
class Program
{
    static void Main(string[] args)
    {
        show msgShow = delegate(){
            Console.WriteLine("下课了");
        };
        msgShow();
    }
}
```

2. Invoke( ) 和 BeginInvoke( )

Control.Invoke (Delegate)：在拥有此控件的基础窗口句柄的线程上执行指定的委托。

Control.BeginInvoke (Delegate)：在创建控件的基础句柄所在线程上异步执行指定委托。在 Windows 窗体应用程序中，子线程更新主线程创建 UI 控件，经常通过后台线程实现调用 Invoke( ) 和 Begininvoke( ) 方法与主线程发送消息。

【例 5-8】使用委托及 Invoke( ) 方法实现主线程 UI 控件刷新。单击按钮 button1 后，上面的标签在"红色"变为"蓝色",并且每隔 2s 在两种颜色之间进行切换。

```csharp
public delegate void UpdateUI();
public Form2()
{
    InitializeComponent();
}
private void setText()
{
    while(true)
    {
        if(InvokeRequired)
        {
            if(label1.Text.Equals("红色"))
            {
                this.Invoke(new UpdateUI(delegate()
                {
                    label1.Text = "蓝色";
                }));
            }
            else
            {
                this.Invoke(new UpdateUI(delegate()
                {
                    label1.Text = "红色";
                }));
            }
            Thread.Sleep(2000);
        }
    }
}
private void button1_Click(object sender, EventArgs e)
{
    UpdateUI updateUi = new UpdateUI(setText);
    Thread t = new Thread(new ThreadStart(updateUi));
    t.IsBackground = true;
    t.Start();
}
```

程序运行结果如图 5-8 所示。

图 5-8 例 5-7 程序运行结果

任务实现

新建 Windows 窗体应用程序项目，修改任务 1 页面事件代码如下：

```
public partial class Form1 : Form
{
    public delegate void UpdateUI();
    public Form1()
    {
        InitializeComponent();
    }
    private void Form1_Load(object sender, EventArgs e)
    {
        Thread t = new Thread(new ThreadStart(setVal));
        t.IsBackground = true;
        t.Start();
    }
    // 随机生成温度
    private int getWd()
    {
        int result = -1;
        Random rand = new Random();
        result = rand.Next(20,35);
        return result;
    }
    // 随机生成光敏
    private int getPhoto()
    {
        int result = -1;
        Random rand = new Random();
        result = rand.Next(50, 150);
        return result;
    }
    // 读取值
    private  void setVal()
    {
        while (true)
        {
            if (InvokeRequired)
            {
                int wdNum = getWd();
                int photoNum = getPhoto();
                this.Invoke(new UpdateUI(delegate()
                {
                    lblTemp.Text = wdNum.ToString();
                    if (wdNum >= 28)
                    {
                        lblFs.Text = " 打开 ";
                    }
                    else
                    {
                        lblFs.Text = " 关闭 ";
                    }
```

```
                    lblPhoto.Text = photoNum.ToString();
                    if (photoNum >= 100)
                    {
                        lblRgb.Text = "打开";
                    }
                    else
                    {
                        lblRgb.Text = "关闭";
                    }
                }));
                Thread.Sleep(3000);
            }
        }
    }
}
```

 任务小结

（1）委托使关键字 delegate 进行定义。

（2）委托类似于 C 语言的函数指针，委托在实例化时的参数为方法名。

（3）子线程通过 Invoke( ) 和 Begininvoke( ) 方法与主线程发送消息。

任务 3　刷新事件引发页面

 任务描述

　　C# 作为面向对象的程序设计，任何事物都是对象，UI 界面中的控件都作为一个单独的对象存在，对象与对象之间通过发送消息进行通信，接收消息的对象可以根据信息引发不同的动作。在 C# 中通过事件机制发送消息，通过事件机制可以保证 UI 控件的更新必须在满足一条件下执行。只有订阅了特定事件的控件在该事件发生后才引发事件代码的执行，如果事件没有发生或控件没有订阅事件，则不执行刷新代码，这样极大地提高了程序的执行效率。例如，任务中的温度监测控制只有在温度传感器在线时再执行页面刷新动作；光照监测控制只有在光照传感器工作时再执行页面刷新动作，避免了资源浪费。

 知识引入

1. 事件

　　C# 中的事件通过委托来实现，事件允许一个对象向另一个对象通知消息，发送消息的对象称为事件源，被通知的对象要求事先订阅事件，只有订阅了事件的对象才能收到消息，C# 中的事件处理步骤如下：

（1）定义事件。

（2）订阅事件。

（3）事件发生时通知订阅者。

定义事件：

```
[访问修饰符] event 委托名 事件名;
```

因此，事件在定义前首先要定义委托，然后再根据委托定义事件。例如：

```
public  delegate  void  setUiHandler();
public  event  setUiHandler  eventsetUiHandler;
```

订阅事件：

订阅事件使用运算符"+="，一个事件可以被多个对象订阅，订阅者可以通过"-="取消已订阅的事件。例如：

```
eventsetUiHandler +=new  setUiHandler (toolWd.getWd);
eventsetUiHandler +=new  setUiHandler (toolPhoto.getPhoto);
```

引发事件：

```
if(eventsetUiHandler!=null)
{
eventsetUiHandler();
}
```

当没有对象订阅 eventsetUiHandler 时，则 eventsetUiHandler 的值为 null，否则订阅者将激发事件并执行事件代码。

【例 5-9】事件的定义。

```
public delegate void LaunchHandler();              // 定义委托
public class Launch{
public event LaunchHandler EventLaunchHandler;     // 定义事件
public void BeginLanuch()
{
    Console.WriteLine(" 卫星发射倒计时 30 分钟，各组进入准备 ");
    if(EventLaunchHandler!=null)
    {
        EventLaunchHandler();
    }
}
}
public class PrepareCommand
{
    string pid;
    public PrepareCommand()
    { }
    public PrepareCommand(string pid)
    {
        this.pid = pid;
    }
    public void command()
    {
        Console.WriteLine(" 指挥组 "+pid+" 进入 30 分钟准备状态，正常 ");
    }
}
public class PrepareControl
{
    string pid;
```

视频 ●┄┄┄

事件的定义
与使用

```
    public PrepareControl()
    { }
    public PrepareControl(string pid)
    {
        this.pid = pid;
    }
    public void control()
    {
        Console.WriteLine("控制组" + pid + "进入30分钟准备状态，正常");
    }
}
public class PrepareRta
{
    string pid;
    public PrepareRta()
    { }
    public PrepareRta(string pid)
    {
        this.pid = pid;
    }
    public void rta()
    {
        Console.WriteLine("监控组" + pid + "进入30分钟准备状态，正常");
    }
}
class Program
{
    static void Main(string[] args)
    {
        Launch launch = new Launch();
        PrepareCommand p1 = new PrepareCommand("A001");
        PrepareControl p2 = new PrepareControl("B001");
        PrepareRta p3 = new PrepareRta("C001");
        // 订阅事件
        launch.EventLaunchHandler += new LaunchHandler(p1.command);
        launch.EventLaunchHandler += new LaunchHandler(p2.control);
        launch.EventLaunchHandler += new LaunchHandler(p3.rta);
        launch.BeginLanuch();

    }
}
```

程序运行结果如图 5-9 所示。

2. 参数事件

EventArgs 类用作表示事件数据的所有类的基类。例如，System.AssemblyLoadEventArgs 类派生自 EventArgs 和用来保存程序集加载事件的数据。若要创建一个自定义事件数据类，可创建 EventArgs 子类，并提供用于存储所需的数据的属性。通常自定义事件数据类的名称应以 EventArgs 结尾。

【例 5-10】参数事件的使用。

```
public delegate void EventMenuHandler(object source, TestEventArgs e);
public class TestEventArgs : EventArgs
```

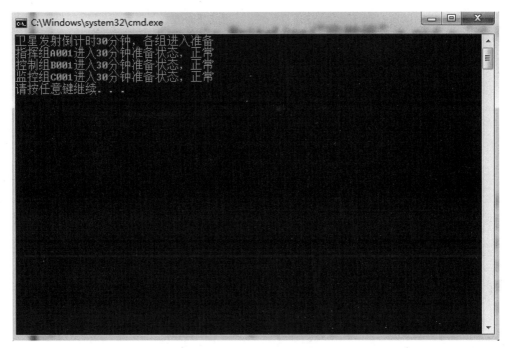

图 5-9   例 5-8 程序运行结果

```
{
    public int menu { get; set; }
    public TestEventArgs(int menu)
    {
        this.menu = menu;
    }
}
class Menu
{
    public event EventMenuHandler EventMenu;
    private int menu;
    public int MenuSelect
    {
        get { return menu; }
        set
        {
            if (EventMenu != null)
            {
                TestEventArgs args = new TestEventArgs(value);
                EventMenu(this, args);
                this.menu = args.menu;
            }
        }
    }
}
class Program
{
    static void Main(string[] args)
    {
```

```
        Menu menu1 = new Menu();
        menu1.EventMenu += new EventMenuHandler(menuTest);
        menu1.MenuSelect = 1;
        menu1.MenuSelect = 4;
    }
    public static void menuTest(object source, TestEventArgs e)
    {
        if(e.menu==4)
        {
            Console.WriteLine(" 系统退出 :---"+DateTime.Now);
            Environment.Exit(0);
        }
        else{
            Console.WriteLine(" 欢迎进入系统，您选择的菜单为：  "+e.menu);
        }
    }
}
```

任务实现

新建 Windows 窗体应用程序项目，修改任务 1 事件代码如下：

```
public partial class Form1 : Form
{
    public delegate void UpdateUI();
    public event UpdateUI EventUpdate;
    public Form1()
    {
        InitializeComponent();
    }
    private void Form1_Load(object sender, EventArgs e)
    {
        EventUpdate += new UpdateUI(setVal);
        if (EventUpdate!=null)
        {
            Thread t = new Thread(new ThreadStart(EventUpdate));
            t.IsBackground = true;
            t.Start();
        }
    }
    // 随机生成温度
    private int getWd()
    {
        int result = -1;
        Random rand = new Random();
        result = rand.Next(20, 35);
        return result;
    }
    // 随机生成光敏
    private int getPhoto()
    {
        int result = -1;
        Random rand = new Random();
        result = rand.Next(50, 150);
```

```
        return result;
    }
    // 控件刷新
    private void setVal()
    {
        while (true)
        {
            if (InvokeRequired)
            {
                int wdNum = getWd();
                int photoNum = getPhoto();
                // 泛型委托 Action
                this.Invoke(new Action(delegate()
                {
                    lblTemp.Text = wdNum.ToString();
                    if (wdNum >= 28)
                    {
                        lblFs.Text = "打开";
                    }
                    else
                    {
                        lblFs.Text = "关闭";
                    }
                    lblPhoto.Text = photoNum.ToString();
                    if (photoNum >= 100)
                    {
                        lblRgb.Text = "打开";
                    }
                    else
                    {
                        lblRgb.Text = "关闭";
                    }
                }));
                Thread.Sleep(3000);
            }
        }
    }
}
```

任务小结

(1) 定义事件前首先要定义委托。

(2) 订阅者订阅事件后引发事件处理程序的执行。

知识拓展

1. 产生不重复随机数

C# 中 Math 类 Random 产生随机数与随机种子有关，默认随机种子为当前时间，因为程序运行速度很快，因此可能产生多个相同的随机数。如果在应用中希望产生完全不同的随机数，需要使用算法实现。

【例 5-11】要求产生 10 个不同的随机数，数值在 1 ~ 10 之间。假设将 1 ~ 10 存入数组 a，按顺序产生 10 个不同的随机数，存入数组 b，最后输出数组 b 中 10 个随机数。

```csharp
int[] a = new int[10];
for (int i = 0; i < 10; i++)
    a[i] = i+1;
    Random rand = new Random();
    int[] b = new int[10];
    int count = a.Length;
    int num;
    for (int j = 0; j < 10; j++)
    {
        num = rand.Next(0, count);
        b[j] = a[num];
        a[num] = a[count - 1];
        count--;
    }
    for (int j = 0; j < 10; j++)
    {
        Console.WriteLine(b[j]);
    }
```

程序运行结果如图 5-10 所示。

图 5-10 例 5-10 程序运行结果

2. 泛型委托 Action

Action<T> 泛型委托：封装一个方法，该方法没有返回值。可以使用此委托以参数形式传递方法，而不用显式声明自定义的委托。该方法必须与此委托定义的方法签名相对应。也就是说，封装的方法必须具有一个通过值传递给它的参数，并且不能返回值。泛型委托支持多个参数，下面使用泛型委托实现例 5-7。

```csharp
public Form2()
```

```
{
    InitializeComponent();
}
private void setText()
{
    while (true)
    {
        if(InvokeRequired)
        {
            if (label1.Text.Equals("红色"))
            {
                this.Invoke( new Action(delegate()
                {
                    label1.Text = "蓝色";
                }));
            }
            else
            {
                this.Invoke( new Action(delegate()
                {
                    label1.Text = "红色";
                }));
            }
            Thread.Sleep(2000);
        }
    }
}
private void button1_Click(object sender, EventArgs e)
{
    Thread t = new Thread(new ThreadStart(new Action(setText)));
    t.IsBackground = true;
    t.Start();
}
```

项目总结

（1）C# 支持多线程技术，通过多线程编程能提高程序执行效率。

（2）委托包含对方法的引用，通过委托定义可以将委托指向多个方法，可以委托的实例化使委托调用某个具体方法。

（3）事件允许一个对象将消息通知其他的对象，发送消息的对象称为事件源。

文　档 •·······

项目 5
实施评价表

·•········

常见问题解析

1. 为什么程序报错"未处理的 InvalidoperationException"，而不是创建控件的线程访问它？

多线程程序中，新创建的线程不能访问 UI 线程创建的窗口控件，这时如果想要访问窗口的控件，可能会抛出线程异常信息。这时可将窗口构造函数中的 CheckForIllegalCrossThreadCalls

设置为 false，然后就能安全地访问窗体控件，也可通过 invoke() 等其他方式实现主线程控件的访问。

2. 为什么在实例化委托对象时已经添加了方法作为参数，提示错误"应输入方法名称"？

委托在实例化时，参数为方法名，后面不需要带参数列表，没有参数也不需要带括号，开始使用委托时容易加括号和参数列表，这时就会提示错误"应输入方法名称"。

3. 为什么已经实例化了委托，没有运行结果？

委托使用分为三步，定义委托、实例化委托、调用委托，实例化委托只是生成了指向特定方法的委托实例，要运行委托指向的方法，必须要调用委托执行。

习 题

一、选择题

1. C# 中定义委托的关键字是（　　　）。

  A. delegate   B. method   C. event   D. func

2. C# 中定义委托的关键字是（　　　）。

  A. delegate   B. method   C. event   D. func

3. 当创建控件以外的线程想访问该控件时 InvokeRequired 的值为（　　　）。

  A.1   B. 0   C. true   D. false

4. Action<> 表示的委托返回值为（　　　）。

  A. void   B. int   C. bool   D. 任何类型

二、简答题

1. 简述委托使用的步骤。

2. 简述事件处理的步骤。

三、实践题

1. 定义一个方法 int Add(int num1,int num2)，实现求两数之和，再定义一个委托 Sum 调用 Add() 方法，实例化委托并调用委托输出结果。

2. 创建自定义事件 ExitEvent、ExceptionEvent，新建控制台程序，输出菜单如下：

```
************************************

1. 登陆

2. 存款

3. 取款

4. 退出

************************************
```

当输入"4"后，引发 ExitEvent 事件，调用方法 close() 输出"谢谢，欢迎下次使用！"，当输入数字小于 1 或大于 4 引发 ExceptionEvent 事件，调用方法 error() 输出"您选择的菜单无效，请重新选择！"。

项目 6

ATM 机自动报警系统

ATM 机自动报警系统模拟了 ATM 机终端用户在发生突发事件后通过"报警"按钮向监控服务端发送信息后，服务端通过接收信息进行相应处理的系统解决方案。在项目中，ATM 终端用户主要模拟"报警"、"撤销报警"两个操作，服务器端主要包括模拟"出警"、"撤销警告"两个操作。

计算机网络将现实生活中的不同终端连接到一起，网络中的计算机可以通过 IP 地址和端口号进行数据的通信，ATM 机自动报警系统是一种点对点的通信方式，C# 中的 Socket 网络编程基于 TCP/IP 协议，为实现 C/S 结构的网络通信提供了解决方案。

学习目标

- 理解 TCP/IP、IP 地址、端口、套接字的概念。
- 理解 C/S 网络编程概念。
- 掌握 Socket 编程方法。

项目描述

1. 服务器端

（1）运行 ATM 服务器端监控程序，运行效果如图 6-1 所示。

（2）单击"开始监控"按钮，服务器对端口进行监控，文本框中显示日志信息，此时"出警"和"销警"按钮不可用，如图 6-2 所示。

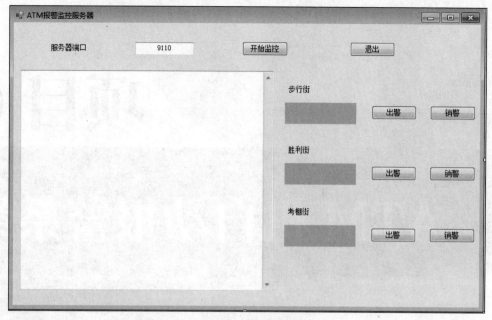

图 6-1 ATM 报警监控服务器主界面（一）

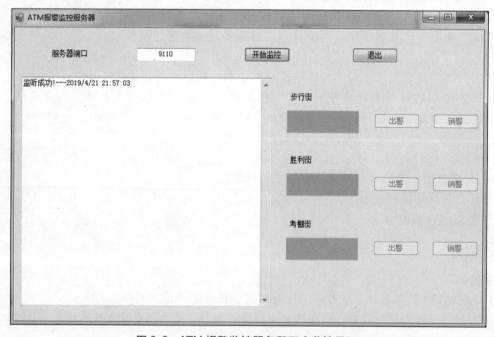

图 6-2 ATM 报警监控服务器开启监控界面

（3）当有客户端单击"报警"按钮时，文本框显示"报警信息"，对应的标签显示为"红色"，同时"出警"和"销警"按钮恢复为可用状态，如图 6-3 所示。

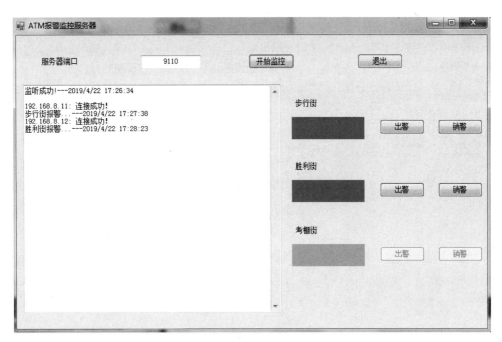

图 6-3　客户端报警的界面

（4）单击"出警"按钮，文本框显示"出警信息"，对应的标签显示为"蓝色"，如图 6-4 所示。

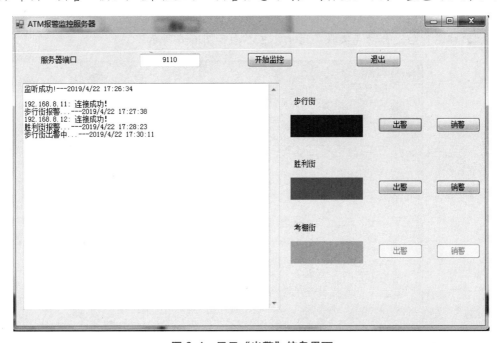

图 6-4　显示"出警"信息界面

（5）单击"销警"按钮，文本框显示"销警信息"，对应的标签显示为"灰色"，如图 6-5 所示。

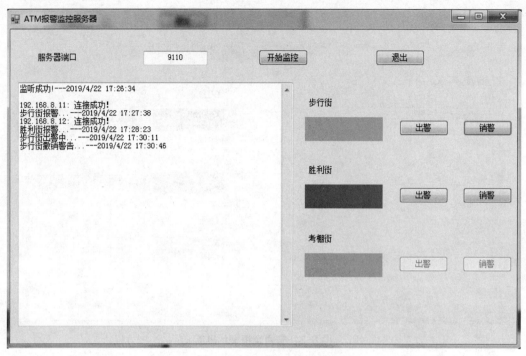

图 6-5　显示"销警"信息界面

2. 客户端

（1）客户端运行后，自动连接服务器端，主界面如图 6-6 所示。

图 6-6　ATM 监控客户端主界面

（2）单击"报警"按钮，标签变为"红色"，文本框显示"报警"日志信息，如图 6-7 所示。

图 6-7 ATM 监控客户端报警界面

（3）如果收到服务器端"出警"信息，标签变为"蓝色"，文本框显示"出警"日志信息，如图 6-8 所示。

图 6-8 ATM 监控客户端出警信息界面

（4）单击"销警"按钮，文本框显示"请求销警"日志信息，如图 6-9 所示。

图 6-9　ATM 监控客户端请求销警信息界面

（5）如果收到服务器端"销警"信息，标签变为"灰色"，文本框显示"销警"日志信息，如图 6-10 所示。

图 6-10　ATM 监控客户端请求销警信息界面

工作任务

- 任务 1：实现服务器端功能。
- 任务 2：实现客户端功能。

任务 1　实现服务器端功能

任务描述

服务器端创建连接后，要实现客户端的信息监控。当客户端发送"报警"信息后，服务器端接收到信息要进行相应的"出警"处理；当客户端请求"撤销报警"后，服务器端接收到信息后要进行相应的"撤销警告"处理。

知识引入

1. IP 地址

Internet 通过网络将计算机连接在一起，每一台计算机都有自己的一个地址，信息在网络中传输遵循网络传输协议 TCP/IP 协议，按照 TCP/IP 协议，IP 地址由一组二进制数组成，包括 IPv4 和 IPv6，分别由 32 位和 64 位二进制数组成，目前使用较多的为 IPv4 地址。为方便使用，IP 地址经常使用十进制数来描述，每 8 位二进制数转换成一个十进制数，中间用"."分隔，如 202.145.36.126。C# 中 System.Net 命名空间为网络编程提供支持类，System.Net.Sockets 命名空间为 Socket 编程提供支持类。

(1)IPAddress 类：

功能：提供主机的 IP 地址及相关信息。

(2)IPHostEntry 类：

功能：提供主机的 IP 地址、主机名及别名。

主要属性：

- AddressList：返回 IPAddress[ ]，获取或设置与主机关联的 IP 地址列表。
- HostName：返回 string[ ]，获取或设置主机的 DNS 名称。

(3)IPEndPoint 类：

功能：将网络端点表示为 IP 地址和端口号。通过 IP 地址和端口号的组合,构造主机的连接点。

主要属性：

- Address：获取或设置终结点 IP 地址。
- AddressFamily：获取网络协议 (IP) 地址族。AddressFamily.InterNetwork 表示此 IP 为 IPv4,
- AddressFamily.InterNetworkV6 表示此地址为 IPv6 类型。
- Port：获取或设置终结点的端口号。

(4)Dns 类：

功能：提供简单的域名解析功能。

主要属性：

- GetHostName：获取本地计算机的主机名。
- GetHostAddresses：返回指定主机的 Internet 协议 (IP) 地址。
- GetHostEntry：将主机名或 IP 地址解析为 IPHostEntry 实例。

【例 6-1】输出本机 IP 地址及主机名。

新建控制台项目 IPGet，编写代码如下：

● 视 频

**IP地址与网络
编程**

```
namespace IPGet
{
    class Program
    {
        static void Main(string[] args)
        {
            string hostName = Dns.GetHostName();
            IPHostEntry localhost = Dns.GetHostEntry(hostName);
            string ip = "";
            for(int i = 0; i < localhost.AddressList.Length; i++)
            {
                if(localhost.AddressList[i].AddressFamily == AddressFamily.
                InterNetwork)
                {
                    ip = localhost.AddressList[i].ToString();
                }
            }
            Console.WriteLine("hostName:"+hostName);
            Console.WriteLine("localIp:" + ip);
        }
    }
}
```

2. 端口

在网络连接中，端口分为物理端口和逻辑端口，物理端口指计算机硬件的 I/O 端口，逻辑端口指逻辑意义上用于区分服务的端口，如 TCP/IP 协议中的服务端口，端口号的范围为 0 ~ 65 535。每一个网络连接都需要一个端口号，一般来说，每个端口都对应着一种应用程序。要建立客户机与服务器之间的连接通信，必须选择一个端口进行连接，端口号 0 ~ 1 023 是标准的 Internet 协议保留端口，用户创建程序自定义端口号范围一般为 8 000 ~ 16 000。

3. Socket 套接字

Socket 是基于 TCP/IP 的编程接口，是一种网络通信机制，Socket 的英文原义是"孔"或"插座"。作为进程通信机制，通常也称作"套接字"，用于描述 IP 地址和端口。Socket 是基于连接的通信，在通信开始前通信双方通过确定身份 (IP 地址和端口) 建立连接通道，然后通过连接通道传送信息，通信结束后关闭连接。

（1）Socket 类的构造方法：

```
public Socket(AddressFamily addressFamily, SocketType socketType, ProtocolType
protocolType)
```

- addressFamily：指定 Socket 使用的寻址方案。
- SocketType：指定 Socket 的类型。

- ProtocolType：指定 Socket 使用的协议。

例如：

```
Socket SocketWatch = new Socket(AddressFamily.InterNetwork, SocketType.Stream,
ProtocolType.Tcp);
```

（2）Sockel 类的实例方法：

- Socket.Send：从数据中的指示位置开始将数据发送到连接的 Socket。
- Socket.Receive：将数据从连接的 Socket 接收到接收缓冲区的特定位置。
- Socket.Bind：使 Socket 与一个本地终结点相关联。
- Socket.Listen：将 Socket 置于侦听状态。
- Socket.Accept：创建新的 Socket 以处理传入的连接请求。
- Socket.Close：强制 Socket 连接关闭。

4. Socket 网络编程服务器端编程步骤

（1）创建用于监听连接的 Socket 对象。

（2）用指定的端口号和服务器的 IP 建立一个 EndPoint 对象。

（3）Bind() 方法绑定 EndPoint。

（4）Listen() 方法开始监听。

（5）有客户端连接，Accept() 方法创建一个新的用于和客户端进行通信的 socket 实例。

（6）通信。

（7）通信结束关闭 socket。

视频

端口与Socket
网络编程

【例 6-2】编写服务端程序，建立指定端口的连接，监听连接的客户端发送的信息。程序主界面如图 6-11 所示。

图 6-11　服务端主界面图

新建 Windows 窗体应用程序，添加控件并设置属性，如表 6-1 所示。

表 6-1 控件及属性设置

控 件	属 性	值
Form1	Text	Socket 服务器
Form1	Size	600,400
Lable1	Text	服务器端口
TextBox1	Text	5678
TextBox1	Name	txtPort
Button1	Text	开始监听
Button1	Name	btnStart
TextBox2	Name	txtLog
TextBox2	Multiline	true
TextBox3	Name	txtMsg
TextBox3	Multiline	true
Button2	Text	发送信息
Button2	Name	btnSend

编写窗口事件代码如下：

```
private void btnStart_Click(object sender, EventArgs e)
{
    try
    {
        Socket SocketWatch = new Socket(AddressFamily.InterNetwork,
    SocketType.Stream, ProtocolType.Tcp);
        IPAddress ip = IPAddress.Any;
        IPEndPoint point = new IPEndPoint(ip, Convert.ToInt32(txtPort.Text));
        SocketWatch.Bind(point);
        ShowMsg("监听成功！ "+":"+GetCurrentTime());
        SocketWatch.Listen(10);
        Thread Th = new Thread(Listen);
        Th.IsBackground = true;
        Th.Start(SocketWatch);
    }
    catch (Exception)
    {
        MessageBox.Show("连接失败！ ");
    }
}
Socket socketSend;
void Listen(object obj)
{
    Socket SocketWatch = obj as Socket;
    while (true)
    {
        // 等待客户端连接，并创建一个负责通讯的 Socket
        socketSend = SocketWatch.Accept();
```

```
            ShowMsg(socketSend.RemoteEndPoint.ToString() + "--- 连接成功！"
+":"+GetCurrentTime());
            Thread ThRecive = new Thread(Recive);
            ThRecive.IsBackground = true;
            ThRecive.Start(socketSend);
        }
    }
    // 不断调用接收消息的方法
    void Recive(object obj)
    {
        Socket SocketSend = obj as Socket;
        while (true)
        {
            try
            {
                // 创建一个数组存储客户端发过来的消息
                byte[] buffer = new byte[1024 * 1024 * 2];
                // 实际收到的有效字节数
                int r = SocketSend.Receive(buffer);
                string str = Encoding.UTF8.GetString(buffer, 0, r);
                // 将 buffer 转化成字符串形式
                if (r == 0)
                {
                    break;

                }
                ShowMsg( SocketSend.RemoteEndPoint.ToString() + "---" + str+"
:"+GetCurrentTime());
            }
            catch (Exception)
            {
                MessageBox.Show(" 连接失败！");
            }
        }
    }
    // 文本框追加方法
    void ShowMsg(string str)
    {
        this.txtLog.AppendText(str + "\r\n");
    }
    private void Form1_Load(object sender, EventArgs e)
    {
        // 取消对线程间的错误检查
        Control.CheckForIllegalCrossThreadCalls = false;
    }
    private void btnSend_Click(object sender, EventArgs e)
    {
        string str = this.txtMsg.Text.Trim();
        byte[] buffer = System.Text.Encoding.UTF8.GetBytes(str);
        socketSend.Send(buffer);
    }
    // 获取当前系统时间的方法
    static DateTime GetCurrentTime()
    {
```

```
    DateTime currentTime = new DateTime();
    currentTime = DateTime.Now;
    return currentTime;
}
```

提示：本例可与后面的例 6-3 客户端代码结合使用完成与客户端数据通信。

任务实现

（1）新建 Windows 窗体应用程序，程序主界面如图 6-12 所示。

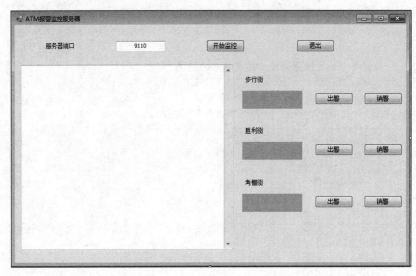

图 6-12　ATM 监控服务端主界面图

（2）添加控件并设置属性如表 6-2 所示。

表 6-2　控件及属性设置

控　件	属　性	值
Form1	Text	ATM 监控服务器
Form1	Size	800,500
Lable1	Text	服务器端口
TextBox1	Name	txtPort
TextBox1	Text	9110
Button1	Text	开始监控
Button1	Name	btnStart
Button2	Text	退出
Button2	Name	btnExit
TextBox2	Name	txtMsg
TextBox2	Multiline	true

控　件	属　性	值
TextBox2	Size	420,360
Label2	Text	步行街
Label3,Label5,Label7	BackColor	Silver
Label3	Name	lblWalkColor
Button3	Name	btnWalkOk
Button3,Button5,Button7	Text	出警
Button4	Name	btnWalkEsc
Button4,Button6,Button8	Text	销警
Label4	Text	胜利街
Label5	Name	lblWinColor
Label6	Text	考棚街
Label7	Name	lblKaoPColor

（3）编写窗口事件代码如下：

```
private void Form1_Load(object sender, EventArgs e)
{
    Control.CheckForIllegalCrossThreadCalls = false;
}
// 创建一个和客户端通信的套接字
Socket socketwatch = null;
private void btnStart_Click(object sender, EventArgs e)
{
    try
    {
        socketwatch = new Socket(AddressFamily.InterNetwork, SocketType.
        Stream, ProtocolType.Tcp);
        // 获取服务端本地 IP 地址
        IPAddress address = IPAddress.Any;
        IPEndPoint point = new IPEndPoint(address, Convert.ToInt32(txtPort.Text));
        socketwatch.Bind(point);
        msgAppend("监听成功!---"+GetCurrentTime()+"\r\n");
        socketwatch.Listen(10);
        Thread Th = new Thread(Listen);
        Th.IsBackground = true;
        Th.Start(socketwatch);
    }
    catch (Exception)
    {
        msgAppend("服务器连接不成功!---" + GetCurrentTime() + "\r\n");
    }
}
Socket socketSend=null ,socketSend1 = null, socketSend2 = null, socketSend3 = null;
void Listen(object obj)
{
```

```csharp
        Socket SocketListen = obj as Socket;
        while (true)
        {
            try
            {
                socketSend = SocketListen.Accept();
                string ip = ((IPEndPoint)socketSend.RemoteEndPoint).Address.ToString();
                if(ip.Equals("192.168.8.11"))
                {
                    socketSend1 = socketSend;
                }
                else if(ip.Equals("192.168.8.12"))
                {
                    socketSend2 = socketSend;
                }
                else if (ip.Equals("192.168.8.13"))
                {
                    socketSend3 = socketSend;
                }
                msgAppend(ip + ": 连接成功！");
                // 创建线程调用 Recive 方法
                if(socketSend1!=null)
                {
                    Thread ThRecive1 = new Thread(Recive);
                    ThRecive1.IsBackground = true;
                    ThRecive1.Start(socketSend1);
                }
                if (socketSend2 != null)
                {
                    Thread ThRecive2 = new Thread(Recive);
                    ThRecive2.IsBackground = true;
                    ThRecive2.Start(socketSend2);
                }
                if (socketSend3 != null)
                {
                    Thread ThRecive3 = new Thread(Recive);
                    ThRecive3.IsBackground = true;
                    ThRecive3.Start(socketSend3);
                }
            } catch (Exception)
            {
            }
        }
    }
    void Recive(object obj)
    {
        Socket SocketSend = obj as Socket;
        while (true)
        {
            try
            {
                byte[] buffer = new byte[1024 * 1024 * 2];
                int r = SocketSend.Receive(buffer);
                string str = Encoding.UTF8.GetString(buffer, 0, r);
```

```
        if(r == 0)
        {
            break;
        }
        else if(str.Substring(0,2).Equals("A1"))
        {
            btnWalkOk.Enabled = true;
            btnWalkEsc.Enabled = true;
            lblWalkColor.BackColor = Color.Red;
            str = "步行街报警";
        }
        else if(str.Substring(0, 2).Equals("C1"))
        {
            str = "步行街请求撤销警告";
        }
        else if(str.Substring(0, 2).Equals("A2"))
        {
            btnWinOk.Enabled = true;
            btnWinEsc.Enabled = true;
            lblWinColor.BackColor = Color.Red;
            str = "胜利街报警";
        }
        else if(str.Substring(0, 2).Equals("C2"))
        {
            str = "胜利街请求撤销警告";
        }
        else if(str.Substring(0, 2).Equals("A3"))
        {
            btnKaoPengOk.Enabled = true;
            btnKaoPengEsc.Enabled = true;
            lblKaoPColor.BackColor = Color.Red;
            str = "考棚街报警";
        }
        else if(str.Substring(0, 2).Equals("C3"))
        {
            str = "考棚街请求撤销警告";
        }
        msgAppend(str+"...---"+ GetCurrentTime());
    }
    catch(Exception)
    {
    }
}
}
void msgAppend(string  msg)
{
    txtMsg.AppendText(msg + "\r\n");
}
// 获取当前系统时间
static DateTime GetCurrentTime()
{
    DateTime currentTime = new DateTime();
    currentTime = DateTime.Now;
    return currentTime;
```

```
    }
    private void btnExit_Click(object sender, EventArgs e)
    {
        if(socketwatch!=null)
        {
            socketwatch.Close();
        }
        this.Close();
    }
    private void btnWalkOk_Click(object sender, EventArgs e)
    {
        byte[] buffer = System.Text.Encoding.UTF8.GetBytes("B1");
        msgAppend(" 步行街出警中 ...---" + GetCurrentTime() );
        socketSend1.Send(buffer);
        lblWalkColor.BackColor = Color.Blue;
    }
    private void btnWalkEsc_Click(object sender, EventArgs e)
    {
        byte[] buffer = System.Text.Encoding.UTF8.GetBytes("C1");
        msgAppend(" 步行街撤销警告 ...---" + GetCurrentTime());
        socketSend1.Send(buffer);
        lblWalkColor.BackColor = Color.Silver;
    }
    private void btnWinOk_Click(object sender, EventArgs e)
    {
        byte[] buffer = System.Text.Encoding.UTF8.GetBytes("B2");
        socketSend2.Send(buffer);
        msgAppend(" 胜利街出警中 ...---" + GetCurrentTime());
        lblWinColor.BackColor = Color.Blue;
    }
    private void btnWinEsc_Click(object sender, EventArgs e)
    {
        byte[] buffer = System.Text.Encoding.UTF8.GetBytes("C2");
        msgAppend(" 胜利街撤销警告 ...---" + GetCurrentTime());
        socketSend2.Send(buffer);
        lblWinColor.BackColor = Color.Silver;
    }
    private void btnKaoPengOk_Click(object sender, EventArgs e)
    {
        byte[] buffer = System.Text.Encoding.UTF8.GetBytes("B3");
        socketSend3.Send(buffer);
        msgAppend(" 考棚街出警中 ...---" + GetCurrentTime());
        lblKaoPColor.BackColor = Color.Blue;
    }
    private void btnKaoPengEsc_Click(object sender, EventArgs e)
    {
        byte[] buffer = System.Text.Encoding.UTF8.GetBytes("C3");
        msgAppend(" 考棚街撤销警告 ...---" + GetCurrentTime());
        socketSend3.Send(buffer);
        lblKaoPColor.BackColor = Color.Silver;
    }
```

提示：

- 服务器端代码默认"步行街""胜利街""考棚街"，客户端 IP 地址分别为 192.168.8.11、192.168.8.12、192.168.8.13，如果实际 IP 地址不相符，需要修改代码中对应的 IP 地址。
- 项目设计思路：服务器端"出警"分别向客户端发送 B1、B2、B3，"销警"分别向客户端发送 C1、C2、C3，客户端"报警"分别向服务器端发送 A1、A2、A3，"销警"分别向服务器端发送 C1、C2、C3。
- 如果客户端比较多，可使用 Dictionary<string, Socket> 集合类创建 Socket 实例。

任务小结

（1）Socket 网络编程需要引用命名空间 System.Net.Sockets、System.Net。

（2）先运行服务器端程序进入监控，后运行客户端程序。

（3）在 Form_Load 事件中设置 Control.CheckForIllegalCrossThreadCalls = false; 取消对线程间的错误检查。

任务 2　实现客户端功能

任务描述

进入系统后要求输入用户名及密码，用户名为 admin，密码为"123456"。如果用户名或密码输入错误，则输出错误提示信息并累计错误次数；如果错误次数达到三次，系统提示"用户名或密码输入错误已达三次！系统将自动退出！"，系统自动退出；如果用户名及密码输入正确，则显示"欢迎进入联通手机充值系统"。

知识引入

1. 建立服务器连接

Socket.Connect(IPEndPoint point) 方法：创建与指定服务器 IP 和端口号的连接。

2. Socket 网络编程客户端编程步骤

（1）创建用于连接的 Socket 对象。

（2）用指定的端口号和服务器的 IP 建立一个 EndPoint 对象。

（3）用 Socket 对象的 Connect() 方法向服务器发出连接请求。

（4）如果连接成功，就用 socket 对象的 Send() 方法向服务器发送信息。

（5）用 Socket 对象的 Receive() 方法接收服务器发来的信息。

（6）通信结束关闭 Socket。

【例6-3】编写客户端程序,与服务器建立指定端口的连接,与服务器端实现信息的发送的接收。程序主界面如图 6-13 所示。

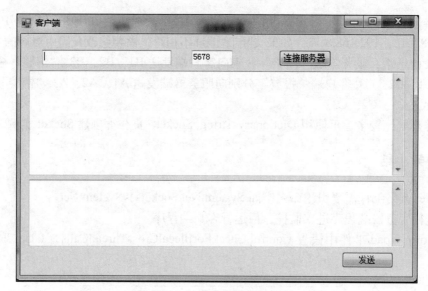

图 6-13　客户端主界面图

新建 Windows 窗体应用程序，添加控件并设置属性，如表 6-3 所示。

表 6-3　控件及属性设置

控　件	属　性	值
Form1	Text	客户端
Form1	Size	600,400
Lable1	Text	服务器端口
TextBox1	Name	txtServer
TextBox2	Text	5678
TextBox2	Name	txtPort
Button1	Text	连接服务器
Button1	Name	btnConnect
TextBox3	Name	txtLog
TextBox3	Multiline	true
TextBox4	Name	txtMsg
TextBox4	Multiline	true
Button2	Text	发送
Button2	Name	btnSend

编写窗口事件代码如下：

```
Socket socketSend;
private void btnConnect_Click(object sender, EventArgs e)
{
    try
    {
```

```
            socketSend = new Socket(AddressFamily.InterNetwork, SocketType.
        Stream, ProtocolType.Tcp);
            IPAddress ip = IPAddress.Parse(txtServer.Text);
            IPEndPoint point = new IPEndPoint(ip, Convert.ToInt32(txtPort.Text));
            // 获得要连接的远程服务器应用程序的 IP 地址和端口号
            socketSend.Connect(point);
            ShowMsg(socketSend.RemoteEndPoint+"--- "+" 连接成功！:"
        +GetCurrentTime());
            Thread th = new Thread(Recive);
            th.IsBackground = true;
            th.Start();
        }
        catch (Exception)
        {
            ShowMsg(" 远程服务器为打开或网络未连接！ ");
            ShowMsg(" 连接失败！ ");
        }
    }
    void  Recive()
    {
        try
        {
            while (true)
            {
                byte[] buffer = new byte[1024 * 1024 * 2];
                // 实际接收到的有效字符串
                int r = socketSend.Receive(buffer);
                string str = Encoding.UTF8.GetString(buffer, 0, r);
                if (r == 0)
                {   break;
                }
                ShowMsg(socketSend.RemoteEndPoint + "--- \r\n" +
                str+":"+GetCurrentTime());
            }
        }
        catch (Exception)
        {
            MessageBox.Show(" 连接失败！ ");
        }
    }
    void ShowMsg(string str)
    {
        txtLog.AppendText(str+"\r\n");
    }
    private void btnSend_Click(object sender, EventArgs e)
    {
        try
        {
            string str = txtMsg.Text.Trim();
            byte[] buffer = System.Text.Encoding.UTF8.GetBytes(str);
            socketSend.Send(buffer);
        }
        catch (Exception)
        {
```

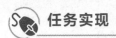

```
        ShowMsg("远程服务器为打开或网络未连接！");
        ShowMsg("发送失败！");
    }
}
private void SocketUser_Load(object sender, EventArgs e)
{
    Control.CheckForIllegalCrossThreadCalls = false;
}
static DateTime GetCurrentTime()  // 获取当前系统时间的方法
{
    DateTime currentTime = new DateTime();
    currentTime = DateTime.Now;
    return currentTime;
}
```

提示：本例可与例 6-2 服务器端代码结合使用完成与服务器端数据通信。

任务实现

（1）新建 Windows 窗体应用程序，主界面如图程序主界面如图 6-14 所示。

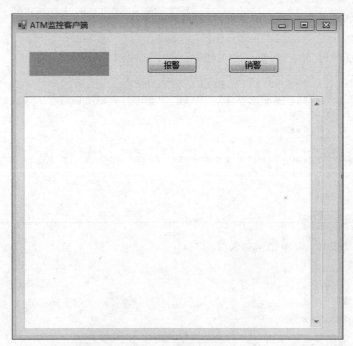

图 6-14 ATM 监控客户端主界面

（2）添加控件并设置属性，如表 6-4 所示。

表 6-4 控件及属性设置

控　　件	属　　性	值
Form1	Text	ATM 监控客户端
Form1	Size	500,480

控　件	属　性	值
Lable1	BackColor	Silver
Lable1	Name	lblStatus
Button1	Text	报警
Button1	Name	btnCall
Button2	Text	销警
Button2	Name	btnEsc
TextBox1	Name	txtMsg
TextBox1	Multiline	true
TextBox1	Size	450,340

编写窗口事件代码如下：

```
public Form1()
{
    InitializeComponent();
    Control.CheckForIllegalCrossThreadCalls = false;
}
Socket socketSend=null;
string   serverIp="192.168.8.10";
int port=9110;
private void Form1_Load(object sender, EventArgs e)
{
    try
    {
        // 创建一个负责通信的 socket
        socketSend = new Socket(AddressFamily.InterNetwork, SocketType.
    Stream, ProtocolType.Tcp);
        IPAddress ip = IPAddress.Parse(serverIp);
        IPEndPoint point = new IPEndPoint(ip, port);
        socketSend.Connect(point);
        msgAppend( "服务器连接成功! ---" + GetCurrentTime());
        lblConn.Text = "服务器监控中 ";
        Thread th = new Thread(Recive);
        th.IsBackground = true;
        th.Start();
    }
    catch (Exception)
    {
        msgAppend(" 远程服务器未打开或网络未连接! ---" + GetCurrentTime());

    }
}
void  Recive()
{
    try
    {
```

```
            while (true)
            {
                byte[] buffer = new byte[1024 * 1024 * 2];
                int r = socketSend.Receive(buffer);
                string str = Encoding.UTF8.GetString(buffer, 0, r);
                if (r == 0)
                {
                    break;
                }
                else if(str.Substring(0,1).Equals("B"))
                {
                    msgAppend(" 出警中 ...---" + GetCurrentTime());
                    lblStatus.BackColor = Color.Blue;
                }
                else if (str.Substring(0, 1).Equals("C"))
                {
                    msgAppend(" 已撤销警告 ...---" + GetCurrentTime());
                    lblStatus.BackColor = Color.Silver;
                    btnEsc.Enabled = false;
                }
            }
        }
        catch (Exception)
        {
        }
    }
    void msgAppend(string  msg)
    {
        txtMsg.AppendText(msg + "\r\n");
    }
    private void btnCall_Click(object sender, EventArgs e)
    {
        try
        {
            string str = "A1";
            byte[] buffer = System.Text.Encoding.UTF8.GetBytes(str);
            socketSend.Send(buffer);
            lblStatus.BackColor = Color.Red;
            btnEsc.Enabled = true;
            msgAppend(" 已报警 ...---" + GetCurrentTime());
        }
        catch (Exception)
        {
            msgAppend(" 远程服务器未打开或网络未连接! ---" + GetCurrentTime());
        }
    }
    // 获取当前系统时间
    static DateTime GetCurrentTime()
    {
        DateTime currentTime = new DateTime();
        currentTime = DateTime.Now;
        return currentTime;
    }
    private void btnEsc_Click(object sender, EventArgs e)
```

```
{
    try
    {
        string str = "C1";
        byte[] buffer = System.Text.Encoding.UTF8.GetBytes(str);
        socketSend.Send(buffer);
        msgAppend(" 请求撤销警告...---" + GetCurrentTime());
    }
    catch (Exception)
    {
        msgAppend(" 远程服务器未打开或网络未连接! ---" + GetCurrentTime());
    }
}
```

提示：本代码为"步行街"客户端代码,如果要安装"胜利街"或"考棚街"客户端代码需要把"报警"发送信息由 A1 改为 A2、A3,把"销警"发送信息改为 C2、C3;因为客户端默认启动后自动连接服务器,如果服务器 IP 地址和监控端口号不为 192.168.8.10 和 9110,需要在代码中修改对应 IP 地址和端口号值。

任务小结

(1) 客户端要通过 IP 和端口主动创建与服务端的连接。

(2) 对可能出现的异常要进行异常处理。

(3) 服务器与客户端可能是一对一,也可能是一对多的关系。

知识拓展

获取 www.baidu.com 主机 IP 地址：

```
try
{
    IPHostEntry localhost = Dns.Resolve("www.baidu.com");
    string ip = "";
    for (int i = 0; i < localhost.AddressList.Length; i++)
    {
        if (localhost.AddressList[i].AddressFamily == AddressFamily.InterNetwork)
        {
            ip = localhost.AddressList[i].ToString();
        }
    }
    Console.WriteLine("localIp:" + ip);
}
catch { }
```

项目总结

(1) Microsoft.Net Framework 为应用程序访问 Internet 提供了分层的、可扩展的以及

文　档

项目6
实施评价表

135

受管辖的网络服务，命名空间 System.Net 和 System.Net.Sockets 包含的类支持网络应用程序开发。

（2）ISO/OSI 模型的 7 层构架，单从 TCP/IP 模型上的逻辑层面上看，.Net 类可以视为包含 3 个层次：请求 / 响应层、应用协议层、传输层。Socket 类处于传输层。

（3）一个服务器端程序可以同时监控多个客户端并与不同的客户端完成通信。

常见问题解析

1. 为什么服务端显示监控成功，客户端不能正常连接到服务端？

首先要确定客户端连接的 IP 地址是否与服务器 IP 地址一致，然后要确认服务端 Socket. .Accept() 方法有没有执行，如果没有执行，可能导致服务端没有接收连接请求。

2. 当多个客户端连接服务器后，服务器能监控到所有客户端发送的信息，为什么服务端信息只能发送到第一个连接的客户端？

服务端 Socket 实例对象只保证从监控端口获取信息，因此所有连接的客户端只要发送信息到服务器端口，服务端都能接收到信息，但要向不同客户端发送信息，必须要为客户端建立不同的 Socket 对象，保证不同的 Socket 对象为不同的客户端服务。

习 题

一、选择题

1. 支持 Socket 类的命名空间是（　　）。

   A. System.Net   B. System.Net.Sockets   C. System.IO   D. System.Net

2. 支持 IPAddress 类的命名空间是（　　）。

   A. System.Net   B. System.Net.Sockets   C. System.IO   D. System.Net

3. 关闭 Socket 连接的方法是（　　）。

   A. Bind()   B. Accept( )   C. Close()   D. Exit()

4. 客户端与服务端创建连接的方法是（　　）。

   A. Connect()   B. Bind()   C. Accept( )   D. Receive()

二、简答题

1. 简述 Socket 编程服务端编程步骤。

2. 简述 Socket 编程客户端编程步骤。

三、实践题

1. 编写一个网络程序，服务端程序监听 6789 端口，等待客户端连接，当有客户端连接时，自动向客户端发送信息 "How are you!"。

2. 编写程序，获取新浪主页 www.sina.com 主机的 IP 地址。

项目 7

简易记事本

简易记事本模仿了 Windows 附件"记事本"的部分功能，通过简易记事本可以实现文本文件的新建、打开、保存及文本的字体格式设置、文本内容的复制、剪切、粘贴操作。

文件是计算机信息的主要存储方式，C# 通过 System.IO 命名空间支持对文件的读、写操作，通过文件可以实现项目资源的管理，同时也为项目的数据存储提供了解决方案。

学习目标

- 掌握文件的读取方法。
- 掌握文件的保存方法。
- 掌握文件打开、保存、字体对话框的创建及使用方法。

项目描述

简易记事本项目运行后显示主界面，如图 7-1 所示。

记事本项目包含 3 个主菜单，"文件"主菜单下包含"新建"、"打开"，"保存"和"退出"二级菜单，"编辑"主菜单下包含"复制"、"剪切"和"粘贴"二级菜单，"格式"主菜单下包含"字体"二级菜单。

（1）当选择"文件""新建"命令时，如果主窗口没有内容或文本内容没有发生改变，则文本框内容清空，用户可以开始新建文件，否则弹出提示对话框，询问是否对文本内容进行保存，如图 7-2 所示。

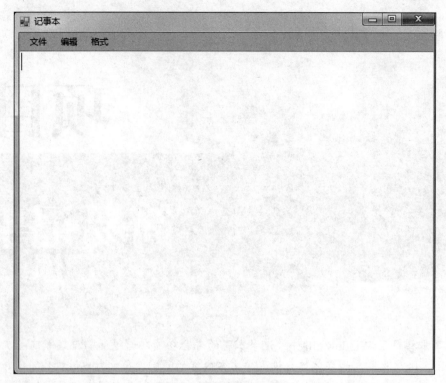

图 7-1　简易记事本主界面

图 7-2　文件保存提示

（2）选择"文件"→"打开"命令，则弹出"打开"对话框，要求用户选择要打开的文件，文件类型自动选择为".txt"文件，如图 7-3 所示。

图 7-3　"打开"对话框

（3）选择要打开的文本文件，单击"打开"按钮后，该文件内容自动显示到主窗口，如图 7-4 所示。

图 7-4　文件打开内容显示图

（4）选择"文件"→"保存"命令，弹出"另存为"对话框，要求输入或选择要保存的文件位置及文件名，如图 7-5 所示。

图 7-5 "另存为"对话框

（5）选择"格式"→"字体"命令，则弹出"字体"对话框，如图 7-6 所示。

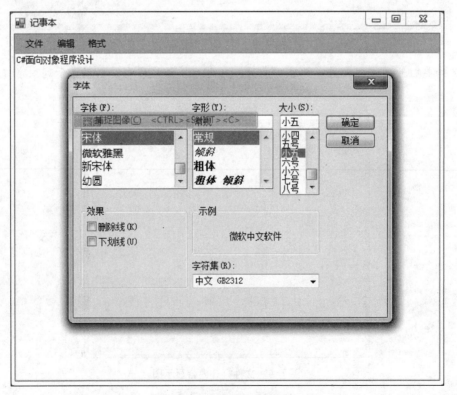

图 7-6 字体设置对话框图

（6）选择"文件"→"退出"命令，如果主窗口文本内容没有保存，则弹出提示对话框，询问是否对文本内容进行保存，否则退出系统。

选择"编辑"菜单中的"复制""剪切""粘贴"命令，可实现"复制""剪切""粘贴"功能。

 工作任务

- 任务 1：实现文件读取。
- 任务 2：实现文件保存。
- 任务 3：实现编辑、字体功能。

任务 1　实现文件读取

 **任务描述**

选择"文件"→"打开"命令，弹出"打开文件"对话框，要求用户选择要打开的文件，文件类型自动选择为".txt"文件，当用户选择要打开的文本文件，单击"打开"按钮后，该文件内容自动显示到主窗口。

知识引入

1. C# 命名空间 System.IO

System.IO 命名空间是 C# 对文件、目录、文件流操作的支持类库。System.IO 命名空间支持的主要类如表 7-1 所示。

表 7-1　System.IO 支持的主要类

类　别	主　要　类
字节流	Stream、BufferedStream、MemoryStream、UnmanagedMemoryStream、FileStream
二进制流	BinaryReader、BinaryWriter
字符流	TextReader、TextWriter、StreamReader、StreamWriter、StringReader、StringWriter
文件操作	File、Path、Directory、FileSystemInfo、FileInfo、DirectoryInfo、DriveInfo
IO 异常	IOException、FileLoadException、DriveNotFoundException、FileNotFoundException、DirectoryNotFoundException、PathTooLongException、EndOfStreamException
IO 枚举类型	FileAccess、FileAttributes、FileOptions、FileShare、FileMode、SearchOption、SeekOrigin、DriveType

2. OpenFileDialog 对话框

功能：弹出打开文件对话框。

主要属性：

（1）InitialDirectory：对话框的初始目录。

（2）Filter：获取或设置当前文件名筛选器字符串。

（3）FileName：第一个在对话框中显示的文件或最后一个选取的文件。

（4）Title：对话框标题。

【例7-1】新建 Windows 窗体应用程序，添加一个"打开"按钮和一个文本框，当单击"打开"按钮后，弹出文件打开对话框，文件目录定位到 C 盘根目录，文件类型筛选为".txt"文件，当选择一个文件后，将文件目录及文件名显示到文本框。程序运行效果如图 7-7 所示。

● 视频

文件的打开与
类型筛选

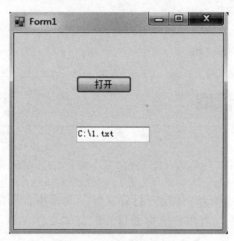

图 7-7　例 7-1 运行效果

新建 Windows 窗体应用程序，添加控件并设置属性，如表 7-2 所示。

表 7-2　控件及属性设置

控　　件	属　　性	值
Button	Text	打开
Button	Name	btnFileOpen
TextBox	Name	txtFileName

编写 btnFileOpen 的 Click 事件代码如下：

```
private void btnFileOpen_Click(object sender, EventArgs e)
{
    OpenFileDialog openFileDialog = new OpenFileDialog();
    openFileDialog.InitialDirectory = "c:\\";
    openFileDialog.Filter = "TXT 文件 |*.txt";
    if(openFileDialog.ShowDialog() == DialogResult.OK)
    {
        string fName = openFileDialog.FileName;
        txtFileName.AppendText(fName);
    }
}
```

3. 字符流的读取

StreamReader 类：以字符为单位的数据读取操作。

主要方法：

（1）StreamReader(Stream stream)：以一个文件流作参数创建 StreamReader 实例对象。

(2)StreamReader(string path)：以一个文件作参数创建StreamReader实例对象。例如：

StreamReader sr = new StreamReader("c:\\1.txt")；

(3) ReadLine()：从 StreamReader 实例对象中读取一行。

(4) Read()：从 StreamReader 实例对象中读取一个字符。

(5) ReadToEnd()：从 StreamReader 实例对象中读取所有内容。

(6) Close()：关闭文件流。

字符流的读取

【例 7-2】新建 Windows 窗体应用程序，添加一个"打开"按钮和一个文本框，当单击"打开"按钮后，弹出文件打开对话框，文件目录定位到 C 盘根目录，文件类型筛选为".txt"文件，当选择一个文件后，将文件内容显示到文本框。程序运行效果如图 7-8 所示。

图 7-8　例 7-2 运行效果

新建 Windows 窗体应用程序，添加控件并设置属性，如表 7-3 所示。

表 7-3　控件及属性设置

控　件	属　性	值
Button	Text	打开
Button	Name	btnFileOpen
TextBox	Name	txtContent
TextBox	Multiline	true

编写 btnFileOpen 的 click 事件代码如下：

```
private void btnFileOpen_Click(object sender, EventArgs e)
{
    OpenFileDialog openFileDialog = new OpenFileDialog();
    openFileDialog.InitialDirectory = "c:\\";
    openFileDialog.Filter = "TXT 文件 |*.txt";
    if (openFileDialog.ShowDialog() == DialogResult.OK)
    {
        try
```

```
            {
                string openFileName = openFileDialog.FileName;
                StreamReader sr = new StreamReader(openFileName);
                txtContent.Text = sr.ReadToEnd();
                sr.Close();
            }
            catch (Exception)
            {
            }
        }
}
```

 任务实现

1. 窗体界面实现

新建 Windows 窗体应用程序，添加控件并设置属性，如表 7-4 所示。

表 7-4　控件及属性设置

控　　件	属　　性	值
Form	Text	记事本
Form	Size	600,500
Form	AutoSize	true
Form	StartPosion	CenterScreen
TextBox	Name	txtContent
TextBox	Multiline	true

添加菜单控件 Menustrip1 并按要求设计主菜单及二级菜单内容，添加对话框控件 fontDialog1、openFileDialog1、saveFileDialog1。

2. "打开"菜单功能实现

"打开"菜单 Click 事件代码编写如下：

```
private void 打开ToolStripMenuItem_Click(object sender, EventArgs e)
{
    openFileDialog1.Filter = "TXT 文件 |*.txt";
    openFileDialog1.FileName = "";
    openFileDialog1.ShowDialog();
    if(openFileDialog1.FileName != null)
    {
        try
        {
            string openFileName = openFileDialog1.FileName;
            StreamReader sr = new StreamReader(openFileName);
            textContent.Text = sr.ReadToEnd();
            sr.Close();
        }
        catch (Exception)
```

```
        {
        }
    }
}
```

 任务小结

（1）命名空间 System.IO 支持 C# 的文件操作。

（2）文件流包括字符流、字节流、二进制流。

（3）文件操作需要进行异常处理。

（4）文件流使用完后需要关闭。

任务 2 　实现文件保存

 任务描述

选择"文件"→"保存"命令，弹出"文件保存"对话框，要求用户选择要保存的文件或输入保存的文件位置及文件名，文件类型自动选择为".txt"文件，当用户选择要保存的文本文件，单击"保存"按钮后，主窗口中的内容保存到对应文件。

知识引入

1. SaveFileDialog 对话框

功能：弹出文件保存对话框。

主要属性：

（1）Filter： 获取或设置当前文件名筛选器字符串。

（2）FileName：设置默认文件名。

（3）DefaultExt ：设置默认格式（可以不设）。

（4）AddExtension：设置自动在文件名中添加扩展名。

2. 字符流的写入

StreamWriter 类：以字符为单位的数据写入操作。

主要方法：

（1）StreamWriter(string path)：将字符流写入文件，文件原来内容被覆盖。

（2）StreamWriter(string path, bool append)：将字符流写入文件，写入方式可以是覆盖或追加。

【例 7-3】新建 Windows 窗体应用程序，添加一个"保存"按钮和一个文本框，当单击"保存"按钮后，弹出文件保存对话框，文件类型筛选为".txt"文件，默认文件名为"保存"，当选择一个文件或输入文件名后，将文本框内容保存至该文件。程序主界面如图 7-9 所示。

图 7-9　例 7-3 程序主界面

单击"保存"按钮，弹出"另存为"对话框，如图 7-10 所示。

视　频

文件保存
对话框

图 7-10　"另存为"对话框

新建 Windows 窗体应用程序，添加控件并设置属性，如表 7-5 所示。

表 7-5　控件及属性设置

控　件	属　性	值
Button	Text	保存
Button	Name	btnSave
TextBox	Name	txtContent
TextBox	Multiline	true

编写 btnSave 的 Click 事件代码如下：

```
private void btnSave_Click(object sender, EventArgs e)
{
    SaveFileDialog sfd=new SaveFileDialog();
    sfd.Filter = "TXT 文件 |*.txt";
    sfd.FileName = " 保存 ";
    sfd.DefaultExt = "txt";
    sfd.AddExtension = true;
    if (sfd.ShowDialog()==DialogResult.OK)
    {
        string filename = sfd.FileName;
        StreamWriter sw = new StreamWriter(filename);
        sw.Write(this.txtContent.Text);
        sw.Close();
    }
}
```

任务实现

"保存"菜单 Click 事件代码编写如下：

```
private void 保存ToolStripMenuItem_Click(object sender, EventArgs e)
{
    saveFileDialog1.Filter = "TXT 文件 |*.txt";
    saveFileDialog1.ShowDialog();
    if(saveFileDialog1.FileName != null)
    {
        try
        {
            string filename = saveFileDialog1.FileName;
            StreamWriter sw = new StreamWriter(filename);
            sw.Write(this.textContent.Text);
            sw.Close();
        }catch(Exception)
        {
        }
    }
}
```

任务小结

（1）文件保存对话框可以设置默认文件名及扩展名。

（2）文件流使用完后需要关闭。

任务 3　实现编辑、字体功能

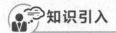

任务描述

选择"格式"→"字体"命令，弹出字体设置对话框，当选择字体格式后，主窗口中字体格式应用选择的字体格式，选择"编辑"菜单中的"复制""剪切""粘贴"命令，实现"复制""剪切""粘贴"功能。

知识引入

1. FontDialog 字体对话框

功能：弹出字体设置对话框。

主要属性：

Font：选择的字体。

2. 文本框内容的"剪切"、"复制"、"粘贴"

(1) public void copy()：文本框中的当前选定内容复制到"剪贴板"。

(2) public void Paste()：用剪贴板的内容替换文本框中当前选定内容。

(3) public void Cut()：将文本框中的当前选定内容移动到"剪贴板"中。

任务实现

···· ● 视　频

字体对话框与
剪切板的调用

1. "字体"菜单 click 事件代码编写

"字体"菜单事件代码如下：

```
private void 字体ToolStripMenuItem_Click(object sender, EventArgs e)
{
    fontDialog1.ShowDialog();          // 显示字体对话框
    if(fontDialog1.Font != null)
    { textContent.Font=fontDialog1.Font; }
}
```

2. 编辑菜单功能实现

"复制""剪切""粘贴"菜单代码编写如下：

```
private void 复制ToolStripMenuItem_Click(object sender, EventArgs e)
{
    if(textContent.SelectedText != null)
    {
        textContent.Copy();
    }
}
private void 剪切ToolStripMenuItem_Click(object sender, EventArgs e)
{
    if(textContent.SelectedText != null)
    {
```

```
        textContent.Cut();
    }
}
private void 粘贴ToolStripMenuItem_Click(object sender, EventArgs e)
{
    textContent.Paste();
}
```

3. "新建"、退出菜单功能实现

```
private void 新建ToolStripMenuItem_Click(object sender, EventArgs e)
{
    if(openFileDialog1.FileName != null && textContent.Modified == true
&& MessageBox.Show(" 文本内容已更改 \n 是否保存修改? ", " 信息提示 ", MessageBoxButtons.
OKCancel) == DialogResult.OK)
    {
        saveFileDialog1.ShowDialog();
        if(saveFileDialog1.FileName != null)
        {
            try
            {
                string filename = saveFileDialog1.FileName;
                StreamWriter sw = new StreamWriter(filename);
                sw.Write(this.textContent.Text);
                sw.Close();
            }catch(Exception){ }
        }
    }
    textContent.Clear();
}
```

```
private void 退出ToolStripMenuItem_Click(object sender, EventArgs e)
{
    if(openFileDialog1.FileName != null && textContent.Modified == true
&& MessageBox.Show(" 文本内容已更改 \n 是否保存修改? ", " 信息提示 ", MessageBoxButtons.
OKCancel) == DialogResult.OK)
    {
        saveFileDialog1.ShowDialog();
        if(saveFileDialog1.FileName != null)
        {
            try
            {
                string filename = saveFileDialog1.FileName;
                StreamWriter sw = new StreamWriter(filename);
                sw.Write(this.textContent.Text);
                sw.Close();
            }
            catch (Exception){ }
        }
    }
    this.Close();
}
```

任务小结

（1）FontDialog 继承自 System.Windows.Forms.CommonDialog。

（2）textContent.Modified == true 用来判断文本框中内容是否发生了改变。

知识拓展

1. 文件操作 File 类

File 类是 C# 文件操作类，该类提供一系列的方法实现文件的创建、删除、复制和移动操作。File 类的常见方法如下：

（1）File.Exist：判断文件是否存在的方法。

（2）File.Open( )：打开文件。

（3）File.Create( )：创建文件。

（4）File.Delete( )：删除文件。

（5）File.SetAttributes( )：设置文件属性。

（6）File.Copy（）：复制文件。

（7）File.Move( )：移动文件。

【例 7-4】新建 Windows 窗体应用程序，添加 4 个按钮，实现文件的创建、删除、文件属性设置和复制操作。程序主界面如图 7-11 所示。

图 7-11　主界面图

新建 Windows 窗体应用程序，添加控件并设置属性，如表 7-6 所示。

表 7-6　控件及属性设置

控　件	属　性	值
Form	Text	文件操作
Button1	Text	创建文件
Button1	Name	btnCreateFile
Button2	Text	删除文件
Button2	Name	btnDelFile
Button3	Text	设置文件属性
Button3	Name	btnSetFile
Button4	Text	复制文件
Button4	Name	btnCopyFile

编写按钮 Click 事件代码如下：

```csharp
static string path = "c:\\form1.txt";
static string path1 = "c:\\form2.txt";
private void btnCreateFile_Click(object sender, EventArgs e)
{
    if(!File.Exists(path))
    {
        FileStream fs = File.Create(path);
        fs.Close();
        MessageBox.Show("文件创建成功! ");
    }
    else
    {
        MessageBox.Show("文件已经存在! ");
    }
}
private void btnDelFile_Click(object sender, EventArgs e)
{
    if(File.Exists(path))
    {
        File.Delete(path);
        MessageBox.Show("文件删除成功! ");
    }
    else
    {
        MessageBox.Show("文件不存在! ");
    }
}
private void btnSetFile_Click(object sender, EventArgs e)
{
    if(File.Exists(path))
    {
        File.SetAttributes(path, FileAttributes.Hidden);
        MessageBox.Show("设置文件隐藏属性成功! ");
    }
    else
```

```
    {
        MessageBox.Show(" 文件不存在！ ");
    }
}
private void btnCopyFile_Click(object sender, EventArgs e)
{
    if(File.Exists(path))
    {
        // 参数 true： 是否覆盖相同文件名
        File.Copy(path, path1, true);
        MessageBox.Show(" 复制文件成功！ ");
    }
    else
    {
        MessageBox.Show(" 文件不存在！ ");
    }
}
```

2. 文件目录中的转义字符

在文件操作中，经常要描述文件的目录路径，如 C:\\form1.txt，因为在 C# 程序设计中将 "\"
解释为转义字符，所以 C:\\form1.txt 将被解释为操作系统中的 C:\form1.txt，如果要将路径中的 "\"
不解释为转义字符，可以在路径前加上 "@" 符号。例如：

```
@"C:\ 项目 7\ 文件 .txt"
```

● 文 档

项目7
实施评价表

项目总结

（1）C# 中的对话框提供了文件打开、文件保存、字体设置等控件，集成了对文件和
系统字体的相关操作，方便设计者直接调用。

（2）System.IO 命名空间支持 C# 文件操作类。

（3）文件流在使用后要关闭，释放系统资源。

常见问题解析

1. 为什么在创建文件时显示 ArgumentException 错误？

在描述文件目录时，C# 将路径中的 "\" 解释为转义字符，目录间层次间要用 "\\" 分隔，或
者在路径前加上 "@" 标记。

2. 为什么记事本在新建文件和退出系统时，没有提示保存已有的文件？

在新建文件和退出系统时，要判断主窗口中文本框的 Modified 属性的值是否为 true（表示内
容发生了改变），如果为 true，则调用文件保存对话框提示用户保存文件。

习　题

一、选择题

1. 支持 C# 文件操作的命名空间主要是（　　　）。

  A. System

                    B. System.Text

  C. System.IO

                    D. System.Windows.Forms

2. 文件流的关闭使用方法为（　　　）。

  A. Exit　　　　　　B. Release　　　　　　C. Close　　　　D. Return

3. 下列（　　　）方式能筛选出 .bmp 文件和 .jpg 文件。

  A. 图片 |*.jpg;*.bmp

                    B. 图片 |*.jpg，*.bmp

  C. 图片 |*.jpg|*.bmp

                    D. 图片 |*.jpg *.bmp

4. 判断文件是否存在的方法为（　　　）。

  A. Exist　　　　　　B. Exists　　　　　　C. SetAttributes　　　　D. Open

二、简答题

1. 按照传输数据不同，文件流可以分为哪些类型？

2. 简述文件的读取与写入的区别。

三、实践题

1. 编程实现在 C 盘创建一个文本文件 Demo1.txt，将字符串 "0123456789" 写入 Demo1.txt。

2. 求出 100 内能同时被 3 和 5 整除的整数，将所有结果存入 C 盘根目录文件 result.txt 中，每行存储一个数值。

项目 8

学生信息管理系统

  利用 C# 和数据库编程，编写学生信息管理系统。要求用多文档窗体实现学生信息的增加、按学号删除学生、修改学生信息和显示所有学生信息的功能。

  ADO.NET 是 .NET Framework 用于访问数据库的一种技术。Microsoft 通过 ADO.NET 向编程人员提供了功能强大的数据访问功能，既可以直接在编程模式下通过输入程序代码设计数据访问程序，也可以利用系统提供的数据访问向导直接进行可视化程序设计。通过本项目设计，主要介绍 ADO.NET 的概念及其对象等有关数据库访问的内容。

学习目标

- 熟悉 ADO.NET 概述和功能。
- 掌握 .NET Framework 数据提供程序核心对象。
- 掌握理解并使用记录集（DataSet）对象。
- 掌握理解并使用 DataGridView 显示和操作数据库。

项目描述

  学生信息管理系统要求利用 C# 和 ADO.NET 编程，使用多文档窗体实现学生信息的增加、按学号删除学生、修改学生信息和显示所有学生信息的功能。

  （1）设计系统主界面效果如图 8-1 所示。

  （2）选择主窗体菜单中的"添加学生信息"命令，弹出添加学生信息窗体，如图 8-2 所示。

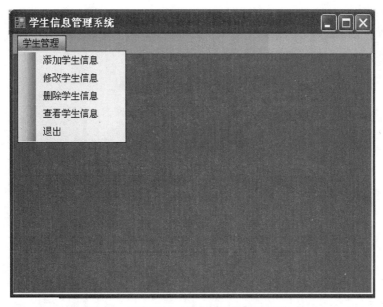

图 8-1　系统主界面效果

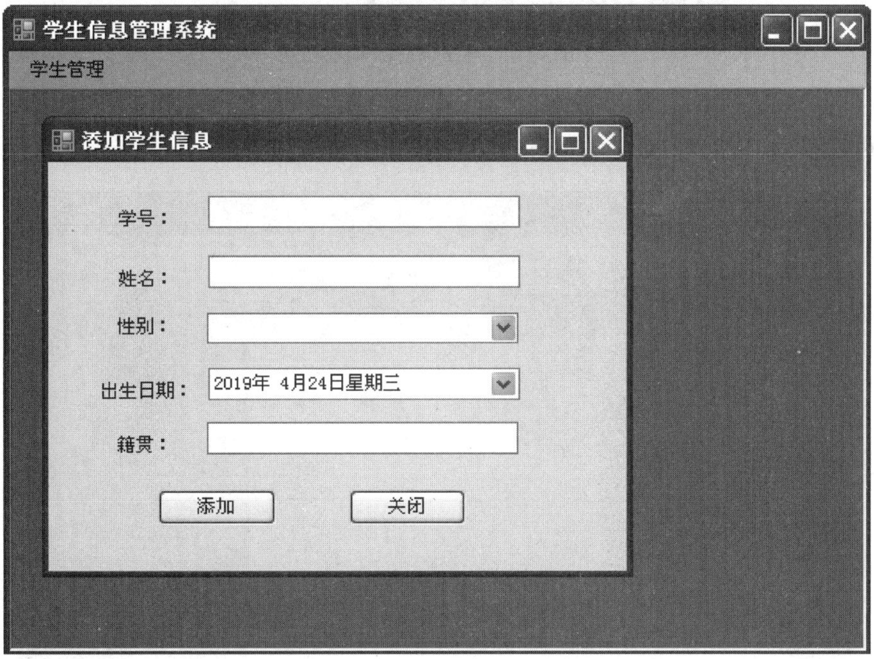

图 8-2　"添加学生信息"窗体

（3）用户输入要添加的学生信息，单击"添加"按钮，弹出"学生信息添加成功！"消息框，单击"关闭"按钮，关闭本窗体，效果如图 8-3 所示。

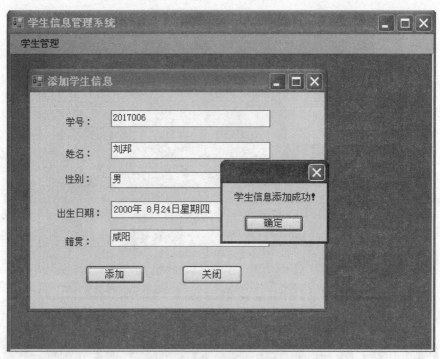

图8-3　学生信息添加成功

（4）选择主窗体菜单中的"删除学生信息"命令，弹出"删除学生信息"窗体，单击"关闭"按钮，关闭本窗体，效果如图8-4所示。

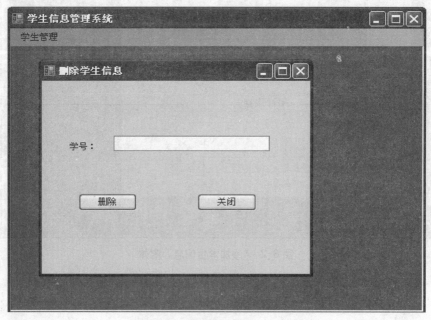

图8-4　"删除学生信息"窗体

（5）如果输入的学号存在，则删除该记录，并给出提示"删除成功"，效果如图8-5所示。

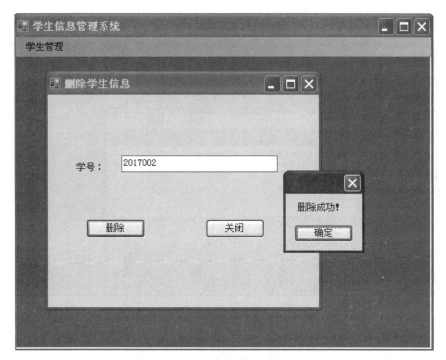

图 8-5　删除学生信息成功

（6）如果输入的学号不存在，要给出提示"学号不存在，无法删除"，效果如图 8-6 所示。

图 8-6　删除学生信息失败

（7）选择主窗体菜单中的"查看学生信息"命令，弹出"显示所有学生信息"窗体。窗体中列名必须是中文，该窗体只能显示，不能进行添加、修改或删除操作，效果如图 8-7 所示。

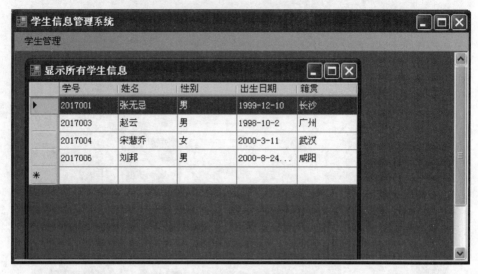

图 8-7 "显示所有学生信息" 窗体

（8）选择主窗体菜单中的"修改学生信息"命令，弹出"修改学生信息"窗体。窗体加载时，下方的列表显示所有学生信息，用户选中某行数据，将数据显示在上方对应文本框中，供用户修改，窗体中列名必须是中文，效果如图 8-8 所示。

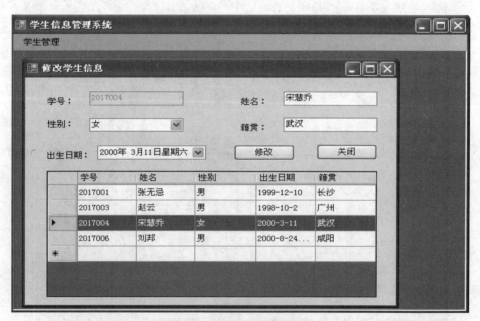

图 8-8 "修改学生信息" 窗体

（9）用户在上方文本框中修改完数据，单击"修改"按钮，则修改该记录，并给出提示"修改记录成功！"。单击"关闭"按钮，关闭本窗体，效果如图 8-9 所示。

图 8-9 修改学生信息成功

（10）选择主窗体菜单的"退出"命令，退出整个应用程序的运行。

工作任务

- 任务 1：连接数据库。
- 任务 2：添加、删除学生信息。
- 任务 3：查询、修改学生信息。

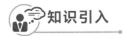

任务 1　连接数据库

任务描述

要完成学生信息管理系统功能，首先必须要连接后台数据库，实现对学生信息的增、删、改、查操作。

知识引入

1. ADO.NET

（1）ADO.NET 概述：

ADO.NET 是一个以 .NET 框架为基础的全新的数据操作模型，是专门为 .NET 平台上的数据访问而设计的，更适用于分布式和 Internet 访问等大型应用程序的开发，也可使程序设计人员以更方便、直观的方式来存取数据。

ADO.NET 由 Microsoft ActiveX Data Objects（ADO）改进而来，它提供平台互用和可收缩的数据访问功能，它是微软开发的一个 COM 组件库。ADO 主要包括 Connection、Command、Recordset 和 Field 对象。使用 ADO 时，要打开数据库的连接，把一些数据选出来，放在记录集中，这些数据由字段组成，接着处理这些数据，并在服务器上进行更新，最后关闭连接。

ADO.NET 的作用与 ADO 相同，提供易于使用的类集，以访问数据。ADO.NET 的功能得到更新数据和增强，可以用于 .NET 编程环境。

（2）ADO.NET 的作用：

● 简单的访问关系数据。ADO.NET 的主要目标是提供对关系数据的简单访问功能。显然，易于使用的类表示关系数据库中的表、列和行，另外，ADO.NET 引入了 DataSet 类，它代表来自封装在一个单元中的关联表中的一组数据，并维持它们之间完整的关系。这在 ADO.NET 中是一个新概念，可以显著地扩展数据访问接口的功能。直观地说，DataSet 可以看作是一种数据类型，但是普通的 int、string 等类型不同的是，它是一个由数据表、关系、主外键结构组成的"数据库"，由于它是一个"类型"，所以它的示例就是一个变量，因而它是位于内存中的，不需要像 SQL 或者 Access 那样需要安装使用。关于 DataSet，将在本章及后续章节中具体分析，它是 ADO.NET 中新增的重要属性，也是 ADO.NET 的特色之一。

● 可扩展性，支持更多的数据源。ADO.NET 可扩展性——为插件 .NET 数据提供了框架，这些提供者可用于从任何数据源读写数据。ADO.NET 提供集中内置的 .NET 数据提供者，一种用于 SQL Server 数据库，一种用于 Oracle；一种用于通用数据库接口 ODBC(Microsoft 开放数据库连接 API)，一种用于 OLE DB（Microsoft 基于 COM 的数据链接和嵌入数据库 API）。几乎所有的数据库和数据文件格式都有可用的 ODBC 或 OLE DB 提供者，包括 MS Access、第三方数据库和非关系数据。因此，通过一个内置的数据提供者，ADD.NET 几乎可以使用所有关系型数据库和数据格式。许多数据库销售商如 MySQL 和 Oracle 还在其产品中提供了内置的 .NET 数据提供程序（Provider），通常使用数据库厂商（如 Oracle）提供的 Provider。

● 支持多层应用程序。ADO.NET 是用于分层的应用程序，是当今商业和电子商务应用程序最常见的体系结构。在多层体系结构中，应用逻辑的不同部分运行在不同的层上，只与其上或其下的层通信。

● 最常见的一个模型是三层模型，具体如下：

数据层：包括数据库和数据访问代码。

业务层：包含业务逻辑，定义应用程序的独特功能，并把该功能与其他层分离开，这个层有时也称为中间层

显示层：提供用户界面，控制应用程序的流程，对用户输入进行验证等。

● ADO.NET 以 XML 为基础构建，扩展性强。

ADO.NET 另一个重要功能是沟通行、列和 XML 文档中的关系数据，其中 XML 文档具有分层的数据结构。.NET 技术是以 XML 为基础构建的，ADO.NET 可以扩建 .NET 的用法。

（3）ADO.NET 的结构：

ADO.NET 结构由 .NET Framework 数据提供程序和 DataSet 两部分组成。组成 .NET Framework 数据提供程序的 4 个主要对象为 Connection、Command、DataReader 和 DataAdapter，如图 8-10 所示。

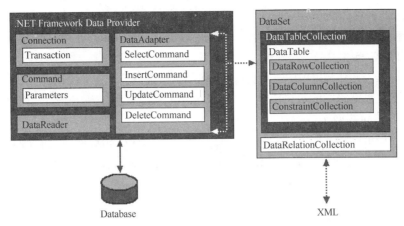

图 8-10　ADO.NET 的结构

● .NET Framework 数据提供程序。它是专门为数据操作以及快速、只进、只读访问数据而设计的组件。Connection 对象提供到数据源的连接。使用 Command 对象可以访问用于返回数据、修改数据、运行存储过程以及发送或检索参数信息的数据库命令。DataReader 可从数据源提供高性能的数据流。最后，DataAdapter 在 DataSet 对象和数据源之间起到桥梁作用。DataAdapter 使用 Command 对象在数据源中执行 SQL 命令，以便将数据加载到 DataSet 中，并使对 DataSet 中数据的更改与数据源保持一致。

● DataSet。ADO.NET DataSet 专门为独立于任何数据源的数据访问而设计。因此，它可以用于多种不同的数据源，用于 XML 数据，或用于管理应用程序本地的数据。DataSet 包含一个或多个 DataTable 对象的集合，这些对象由数据行和数据列以及有关 DataTable 对象中数据的主键、外键、约束和关系信息组成。

（4）.NET Framework 数据提供程序的核心对象：

● Connection 对象。ADO Connection 对象用于创建一个到达某个数据源的开放连接。通过此连接，用户可以对一个数据库进行访问和操作。如果需要多次访问某个数据库，应当使用 Connection 对象来建立一个连接。也可以通过一个 Command 或 Recordset 对象传递一个连接字符串来创建某个连接。但是，此类连接仅仅适合一次具体的简单的查询。

● Command 对象。ADO Command 对象用于执行面向数据库的一次简单查询。此查询可执行诸如创建、添加、取回、删除或更新记录等动作。

如果该查询用于取回数据，此数据将以一个 RecordSet 对象返回。这意味着被取回的数据能够被 RecordSet 对象的属性、集合、方法或事件进行操作。

Command 对象的主要特性是有能力使用存储查询和带有参数的存储过程。

● DataReader 对象。这是一个快速而易用的对象，可以从数据源中操作只读只进的数据流。对于简单地读取数据来说，此对象的性能最好。同样，适用于 SQL Server 的 DataReader 被称为 SqlDataReader，用于 ODBC 的 OdbcDataReader 和用于 OLE DB 的 OleDbDataReader。这个对象有些特殊，就是其无法像其他对象一样通过 new 关键字创建实例，而只能通过上面的 Command 对象执行 ExceuteReader（）方法的返回值来获取，而且在完成 Reader 的所有操作前，当前的数据连接是不允许关闭的。

● DataAdapter 对象。DataAdapter 提供连接 DataSet 对象和数据源的桥梁。DataAdapter 使用 Command 对象在数据源中执行 SQL 命令，以便将数据加载到 DataSet 中，并使对 DataSet 中数据的更改与数据源保持一致。

DataAdapter 通过映射 Fill() 方法来更改 DataSet 中的数据以便与数据源中的数据匹配，通过 Update() 方法来更改数据源中的数据以便与 DataSet 中的数据匹配。

2. ADO.NET 访问数据库

连接数据库（Connection）：Connection 对象用于在应用程序和数据库之间建立连接，每个 .NET 数据提供程序都有其自己的连接类。具体实例化哪个特定的连接类，取决于所使用的 .NET 数据提供程序。

表 8-1 所示为 .NET 数据提供程序及其对应的连接类。

表 8-1　.NET 数据提供程序及其对应的连接类

数据提供程序	连 接 类
SQL 数据提供程序	SqlConnection
OLE DB 数据提供程序	OleDbConnection
Oracle 数据提供程序	OracleConnection
ODBC 数据提供程序	OdbcConnection

表 8-2 所示为 Connection 对象的常用属性和方法。

表 8-2　Connection 对象的常用属性和方法

属性和方法		描　　述
属　　性	Connection String	指定连接数据库所需的值的字符串格式描述
	Database	与 Connection 对象连接的数据库
方　　法	Open	打开与数据库的连接，以允许对数据库数据进行事务处理
	Close	关闭与数据库的连接。关闭后，不能对数据库进行事务处理

任务实现

● 视 频

数据库连接

连接数据库，实现对学生信息管理系统后台数据库 StudentDB 的连接。

【例 8-1】设计一个窗体，使用 Connection 对象连接学生信息管理系统后台数据库 StudentDB，运行效果 8-11 所示。

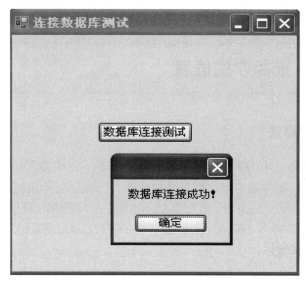

图 8-11　连接数据库测试

```
private void button1_Click(object sender, EventArgs e)
{
    //第一步:  定义连接字符串
    string strConn = "server = .;uid = sa;pwd = 123456ab78;database =
studentDB";
    //第二步:  创建连接对象
    SqlConnection sqlConn = new SqlConnection(strConn);
    try
    {
        //第三步:  打开连接对象
        sqlConn.Open();
        MessageBox.Show("数据库连接成功! ");
    }
    catch (Exception ex)
    {
        //处理异常
        MessageBox.Show("异常信息:  \n" + ex.Message);
    }

    finally {
        //第四步:  关闭连接对象
        sqlConn.Close();
    }
}
```

任务小结

（1）.NET Framework 中的 ADO.NET 是一组类，允许应用程序与数据库交互，以便检索和更新信息。

（2）DataSet 和 .NET 数据提供程序是 ADO.NET 的两个主要组件。

（3）每种 .NET 数据提供程序都是由以下 4 个对象组成：Connection、Command、DataAdapter 以及 DataReader。

（4）Connection 对象用于在应用程序和数据库之间建立连接。

任务 2　添加、删除学生信息

视频

添加学生信息

任务描述

选择主窗体菜单中的添加、删除学生信息命令，分别实现对学生信息的添加和删除功能，如果添加成功，则弹出"学生信息添加成功！"消息框，单击该窗体中的"关闭"按钮，关闭该窗体；删除学生信息时，如果输入的学号存在，则删除该记录，并弹出"删除成功！"消息框，如果输入的学号不存在，则弹出"学号不存在，无法删除！"消息框，单击该窗体"关闭"按钮，关闭该窗体。

知识引入

1. 执行 SQL 语句（Command）

使用 Command 对象允许向数据库传递 SQL 脚本，以便检索和操作数据库中的数据。表 8-3 所示为 .NET 数据提供程序及其相应的命令类。

表 8-3　.NET 数据提供程序及相应的命令类

数据提供程序	命 令 类
SQL 数据提供程序	SqlCommand
OLE DB 数据提供程序	OleDbCommand
Oracle 数据提供程序	OracleCommand
ODBC 数据提供程序	OdbcCommand

与数据库建立连接之后，可以使用 Command 对象执行命令并从数据源返回结果，例如对数据库执行 T-SQL 命令或存储过程。

表 8-4 所示为 Command 对象的常用属性和方法。

表 8-4　Command 对象的常用属性和方法

属性和方法		描　述
属　性	CommandText	表示 Command 对象将执行的 SQL 语句或存储过程
	CommandType	表示 Command 对象的命令类型，包括 StoreProcedure、Text 和 TableDirect。其中，StoreProcedure 表示执行 T-SQL 存储过程，Text 表示执行 T-SQL 语句
	Connection	表示 Command 对象使用的活动连接
方　法	ExecuteNonQuery()	用于 Command 对象执行 T-SQL 的语句，对数据库的单项操作，如 UPDATE,INSERT,DELETE。返回影响的行数
	ExecuteReader()	用于 Command 对象执行 T-SQL 的语句，对数据库的查询操作，赶回一个 DataReader 对象

 **任务实现**

(1) 设计添加学生信息窗体（AddStudInfo.cs），效果参见图 8-3。窗体后台程序代码如下：

```csharp
private void btnAdd_Click(object sender, EventArgs e)
{
    // 数据库连接字符串
    string strConn = "server = .;uid = sa;pwd = 123456ab78;database =
studentDB";
    // 连接数据库
    SqlConnection sqlConn = new SqlConnection(strConn);
    /************* 获取用户在界面上输入的数据 *************/
    string stuId = txtStuId.Text;
    string stuName = txtStuName.Text;
    string stuBirthday = dtpBirthday.Value.ToString();
    string stuSex = cmbSex.Text;
    string stuAddress = txtStuAddress.Text;
    /*****************   执行 SQL 语句   **************/
    string strsql = string.Format("insert into student values('{0}','{1}','{2}',
'{3}','{4}')",stuId,stuName,stuSex,stuBirthday,stuAddress);
    // 创建命令对象，执行 SQL 语句
    SqlCommand cmd = new SqlCommand(strsql,sqlConn);
    // 执行 SQL 语句
    try
    {
        sqlConn.Open();
        int n = cmd.ExecuteNonQuery(); // 执行 SQL 语句，得到受影响的行数
        if(n > 0)
        {
            MessageBox.Show("学生信息添加成功！");
        }
        else
        {
            MessageBox.Show("学生信息添加失败！");
        }
    }catch(Exception ex)
    {
        MessageBox.Show("出现异常，原因：\n" + ex);
    }finally
    {
        sqlConn.Close();
    }
}
```

关闭按钮单击事件代码如下：

```csharp
private void btnClose_Click(object sender, EventArgs e)
{
    this.Close();
}
```

(2)设计删除学生信息窗体(DelStudInfo.cs)，效果参见图 8-5。窗体后台程序代码如下：

```csharp
private void btnDel_Click(object sender, EventArgs e)
```

视频 ●······

删除学生信息
●·······

```
{
    // 获取界面要删除的学号
    string stuID = txtStuId.Text;
    // 数据库连接字符串
    string strConn = "server = .;uid = sa;pwd = 123456ab78;database =
studentDB";
    // 连接数据库
    SqlConnection sqlConn = new SqlConnection(strConn);
    // 写 SQL 语句
    string strSql = string.Format("delete from student where stuID =
'{0}'",stuID);
    // 创建命令对象
    SqlCommand sqlCmd = new SqlCommand(strSql,sqlConn);
    // 执行 SQL 语句
    try
    {
        sqlConn.Open();
        int n = sqlCmd.ExecuteNonQuery();
        if (n > 0)
        {
            MessageBox.Show("删除成功！");
        }
        else
        {
            MessageBox.Show("学号不存在，无法删除！");
        }
    }
    catch (Exception ex)
    {
        MessageBox.Show("出现异常，原因：\n" + ex);
    }
    finally
    {
        sqlConn.Close();
    }
}
```

关闭按钮单击事件代码如下：

```
private void btnClose_Click(object sender, EventArgs e)
{
    this.Close();
}
```

 任务小结

（1）Command 对象允许向数据库传递请求、检索和操纵数据库中的数据。

（2）用于查询的 Command 和用于执行非查询的 Command 在使用上的异同。

任务 3 **查询、修改学生信息**

任务描述

单击主窗体菜单的查看学生信息菜单，弹出显示所有学生信息窗体。窗体中列名必须是中文，该窗体只能显示，不能进行添加或修改或删除操作。

单击主窗体菜单的修改学生信息菜单，弹出修改学生信息窗体。窗体加载时，下方的列表显示所有学生信息，用户选中某行数据，将数据显示在上方对应文本框中，供用户修改，其中显示学号文本框中加载的学号是主键，不允许修改，窗体中列名必须是中文。

知识引入

1. DataSet 对象

（1）DataSet 概述：

DataSet 是 ADO. NET 结构的主要组件，它是从数据源中检索到的数据在内存中的缓存。DataSet 由一组 DataTable 对象组成，可使这些对象与 DataRelation 对象互相关联。它的结构与真正的数据库类似，可以将 DataSet 当作内存中的数据库。DataSet 对象表示了数据库中完整的数据，包括了表和表之间的关系等。当使用 DataAdapter 的 Fill() 方法，将所连接数据库中的数据放入 DataSet 对象后，与数据库的连接即断开。此时，在应用程序中将直接从 DataSet 对象中读取数据，不再依赖于数据库。当在 DataSet 上完成所有的处理操作后，再将对数据的更改传回数据源。这样，在多用户共同存取的网络系统中，可有效降低数据库服务器的负担，提高数据存取的效率。数据集（DataSet）类的层次结构如图 8-12 所示。

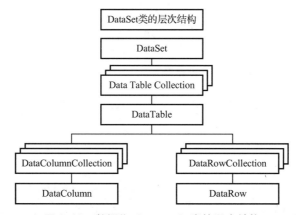

图 8-12　数据集（DataSet）类的层次结构

数据集（DataSet）类的组成结构如图 8-13 所示。

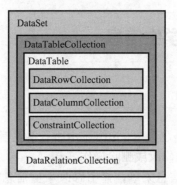

图 8-13 数据集（DataSet）类的组成结构

数据集的结构类似于关系型数据库的结构。表 8-5 所示为每个类的作用。

表 8-5 数据集类

类	描　　述
DataTableCollection	包含特定数据集的所有 DataTable 对象
DataTable	表示数据集中的一个表
DataColumnCollection	表示 DataTable 对象的结构
DataRowCollection	表示 DataTable 对象中的实际数据行
DataColumn	表示 DataTable 对象中列的结构
DataRow	表示 DataTable 对象中的一个数据行

（2）创建数据集：

使用 DataSet 构造函数创建数据集实例。数据集的名称是可选的，不需要指定。如果没有指定名称，则创建的数据集的默认名称为 NewDataSet。例如，分别创建名称为 StudentInfo 的数据集和不指定名称的数据集：

```
DataSet  stuDataSet = new DataSet("StudentInfo");
DataSet stu DataSet = new DataSet();
```

表 8-6 所示为 DataSet 类的常用属性和方法。

表 8-6 DataSet 类的常用属性和方法

属性和方法		描　　述
属　　性	DataSetName	用于获取或设置当前数据集的名称
	Tables	用于检索数据集中包含的表集合
方　　法	Clear ()	清除数据集中包含的所有表的所有行
	HasChanges ()	返回一个布尔值，指示数据集是否更改

DataSet 类的最常用属性是 Tables。Tables 属性值是一个 DataTable 对象集，也就是 DataSet 中所有"表"的集合，每个 DataTable 对象代表从数据库检索到的一个表。

DataSet 类中每个表的列和约束用于定义 DataTable 的结构。第一次创建 DataTable 时，其中不含该结构，通过创建 DataColumn 对象并将其添加至表 Columns 集合中来定义表结构。表 8-7 列出了 DataTable 的常用属性、方法和事件。

表 8-7　DataTable 的常用属性、方法和事件

属性、方法和事件		描　　述
属　　性	Columns	表示列的集合或 DataTable 包含的 DataColumn
	Constraints	表示特定的 DataTable 的约束集合
	DataSet	表示 DataTable 所属的数据集
	PrimaryKey	表示作为 DataTable 主键的字段或 DataColumn
	Rows	表示行的集合或 DataTable 包含的 DataRow
	HasChanges	返回一个布尔值，指示数据表是否更改
方　　法	AcceptChanges()	提交对该表所做的所有修改
	NewRow()	添加新的 DataRow
事　　件	ColumnChanged	修改该列中的值时激发该事件
	RowChanged	修改该行中的值时激发该事件
	RowDeleted	成功删除行时激发该事件

例如，创建名称为 Student 的 DataTable 对象，并将其添加到数据集 Tables 集合中：

```
DataTable stuTable = new DataTable("Student");
DataSet stuDataSet = new DataSet();
stuDataSet.Tables.Add(stuTable);
```

【例 8-2】创建 DataSet 和 DataTable，向 DataTable 中添加数据，并检索显示 DataTable 中的数据。

```
private void FrmDS_Load(object sender, EventArgs e)
{
    // DataSet ds_Stu = new DataSet("student");    //创建名为 ds_Stu 的数据集
    DataSet ds_Stu = new DataSet();
    //创建 DataTable(表)对象，并指定其名为 stuInfo
    DataTable dt_Stu = new DataTable("stuInfo");
    ds_Stu.Tables.Add(dt_Stu);
    /*
    //创建数据列
    DataColumn dc_Stu = new DataColumn();
    dc_Stu.DataType = typeof(string);           //设置该数据列的数据类型
    dc_Stu.ColumnName = "stuNo";                //设置该数据列的名称
    dt_Stu.Columns.Add(dc_Stu);                 //将该列添加到数据表中
    */
    //创建数据列并添加到 DataTable(数据表)中
    DataColumn dc_Stu = dt_Stu.Columns.Add("stuNo",typeof(string));
    dt_Stu.Columns.Add("stuName",typeof(string));
    dt_Stu.Columns.Add("stuSex", typeof(string));
    dt_Stu.Columns.Add("stuAge",typeof(int));
    dt_Stu.Columns.Add("stuBirth",typeof(DateTime));
    //设置数据表中的主键列
    dt_Stu.PrimaryKey = new DataColumn[]
    {
        dt_Stu.Columns["stuNo"]
    };
```

视　频

数据查询

```
// 定义数据行
DataRow dr_Stu;                        // 注： 只能定义，不能用 new 关键字实例化
dr_Stu = dt_Stu.NewRow();              // 在数据表中新创建一行记录
// 设置该行每一列的值
dr_Stu["stuNo"] = "1001";
dr_Stu["stuName"] = "刘备";
dr_Stu["stuSex"] = "男";
dr_Stu["stuAge"] = 18;
dr_Stu["stuBirth"] = "2001-6-12";
// 将该行添加到表中
dt_Stu.Rows.Add(dr_Stu);
// 新创建一行记录
dr_Stu = dt_Stu.NewRow();
// 设置该行每一列的值
dr_Stu["stuNo"] = "1002";
dr_Stu["stuName"] = "张三丰";
dr_Stu["stuSex"] = "男";
dr_Stu["stuAge"] = 21;
dr_Stu["stuBirth"] = "1998-3-21";
// 将该行添加到表中
dt_Stu.Rows.Add(dr_Stu);
// 新创建一行记录
dr_Stu = dt_Stu.NewRow();
// 设置该行每一列的值
dr_Stu["stuNo"] = "1003";
dr_Stu["stuName"] = "小龙女";
dr_Stu["stuSex"] = "女";
dr_Stu["stuAge"] = 22;
dr_Stu["stuBirth"] = "1997-8-8";
// 将该行添加到表中
dt_Stu.Rows.Add(dr_Stu);
// 给 DataGridView 添加数据源
//dgvStuInfo.DataSource = dt_Stu;
dgvStuInfo.DataSource = ds_Stu.Tables[0];
}
```

程序运行结果如图 8-14 所示。

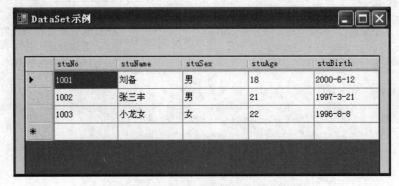

图 8-14 创建数据集和检索数据集数据

2. DataGridView 对象

(1) DataGridView 控件概述：

在数据库编程中使用数据绑定控件时，DataGridView 控件是最通用、功能最强和最灵活的控件。使用 DataGridView 控件，可以显示和编辑来自多种不同类型的数据源的表格数据。DataGridView 控件以表的形式显示数据，并可根据需要支持数据编辑的功能，如添加、修改、删除、排序、分页等。DataGridView 控件中的每一列，都与数据源的一个字段绑定。字段属性名称显示为列标题，数据值在相应的列下面显示为文本。

DataGridView 控件和其他控件一样，在"工具箱"窗体中拖放或双击 DataGridView 即可在窗体中添加并使用，该控件加载到窗体显示如图 8-15 所示。

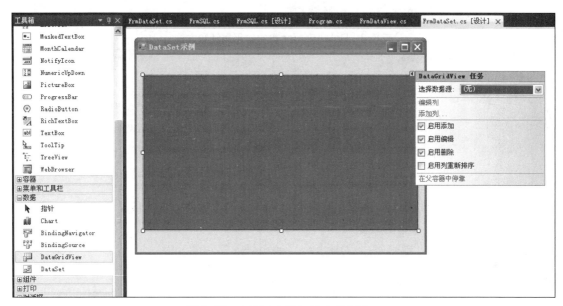

图 8-15　在窗体中添加 DataGridView

（2）数据源（DataSource）：

DataGridView 显示数据的方式非常灵活。该控件的 DataSource 属性可以设置下列任何一个数据源：

- 数组。
- DataTable 和 DataSet。
- DataViewManager。
- DataView。
- 集合类对象。
- 派生或实现 IList 或 IlistSource 接口的组件。

3. DataAdapter 对象

DataSet 对象表示数据源中数据的本地副本，它是 Microsoft NET Framework 的一个主要创新。DataSet 对象本身可用来引用数据源，然而为了担当真正的数据管理工具，DataSet 必须能够与数据源交互。为了实现该功能，.NET 提供了 DataAdapter 类。

DataAdapter 对象充当 DataSet 和数据源之间用于检索和保存数据的桥梁。DataAdapter 类代表用于填充 DataSet 以及更新数据源的一组数据库命令和一个数据库连接。DataAdapter 对象是 ADO.

NET 数据提供程序的组成部分，该数据提供程序还包括连接对象、数据读取器对象和命令对象。

每个 DataAdapter 都在 DataSet 中的单个 DataTable 对象和 SQL 语句或存储过程所产生的单个结果集之间交换数据。可以使用 DataAdpater 在 DataSet 和数据源之间交换数据。一个常见例子是应用程序将数据从数据库读到 DataSet 中，然后将 DateSet 中的更改写回到数据库中。然而，DataAdapter 可以从任何数据源中检索和更新数据（不仅仅是数据库），例如从 Microsoft BizTalk 服务器应用程序将数据读取到 DataSet。

可以使用数据适配器来填充 DataSet，并将数据的更改传送回数据源。

表 8-8 所示为 DataAdapter 类的常用属性和方法。

表 8-8　DataAdapter 类的常用属性和方法

属性和方法		说　明
属　性	AcceptChangesDuringFill	决定在把行复制到 DataTable 中时对行所做的修改是否可以接受
	TableMappings	容纳一个集合，该集合提供返回行和数据集之间的主映射
方　法	Fill ()	用于添加或刷新数据集，以便使数据集与数据源结构匹配
	FillSchema ()	用于在数据集中添加 DataTable，以便与数据源结构匹配
	Update()	将 DataSet 里面的数值存储到数据库服务器上

● 视　频

显示学生信息

【例 8-3】使用 DataAdapter 类将从 SQL Server 数据库中检索到的记录填充到数据集中，并检索显示 DataSet 中的数据。

```
private void FrmSQL_Load(object sender, EventArgs e)
{
    // 数据库连接字符串
    string strConn = "server = .;uid = sa;pwd = 123456ab78;database = db_shopcar";
    // 连接数据库
    sqlConn = new SqlConnection(strConn);
    // 查询语句
    //string strSql = "select * from goodsinfo";
    string strSql = "select id as 商品号,goods_name as 商品名称,goods_price as
    价格,goods_addr as 商品产地,goods_storenum as 商品数量,goods_type as 商品类型
    from goodsInfo";
    // 数据适配器，从数据库中取出数据填充到 DataSet 数据集中。
    sqlAda = new SqlDataAdapter(strSql,sqlConn);
    // 创建数据集
    DataSet ds_Stu = new DataSet();
    // 填充数据集
    // 查询数据库内容，将结果送入 sqlAda 中
    sqlAda.Fill(ds_Stu, "info"); // 参数2: 给查询得到有表取个名称 ( 方便以后取数据用 )
    dgvStu.DataSource = ds_Stu.Tables[0];
}
```

程序运行结果如图 8-16 所示。

商品号	商品名称	价格	商品产地	商品数量	商品类型
1	特步运动服	100.0	武汉	25	furhuang
2	耐克运动裤	120.0	北京	210	furhuang
3	JSP程序设计	35.8	武汉	260	book
4	真维斯T恤	75.0	上海	350	furhuang
5	JAVA编程	58.5	北京	120	book
6	自由鸟男装	150.0	深圳	260	furhuang
7	红烧牛肉面	7.0	武汉	222	food
8	自由鸟男装	120.0	深圳	122	furhuang
9	牛肉方便面	3.9	武汉	256	food

图 8-16   使用 DataAdapter 填充数据集和检索数据集数据

 任务实现

（1）设计学生信息管理系统主界面窗体（FrmMain.cs），效果参见图 8-1。

- 单击主界面"添加学生信息"主菜单响应事件代码如下：

```
private void 添加学生信息ToolStripMenuItem_Click(object sender, EventArgs e)
{
    AddStudInfo astu = new AddStudInfo();
    astu.MdiParent = this;
    astu.Show();
}
```

- 单击主界面"删除学生信息"主菜单响应事件代码如下：

```
private void 删除学生信息ToolStripMenuItem_Click(object sender, EventArgs e)
{
    DelStuInfo dsi = new DelStuInfo();
    dsi.MdiParent = this;
    dsi.Show();
}
```

- 单击主界面"查看学生信息"主菜单响应事件代码如下：

```
private void 查看学生信息ToolStripMenuItem_Click(object sender, EventArgs e)
{
    QueryStudInfo qsi = new QueryStudInfo();
    qsi.MdiParent = this;
    qsi.Show();
}
```

- 单击主界面"修改学生信息"主菜单响应事件代码如下：

```
private void 修改学生信息ToolStripMenuItem_Click(object sender, EventArgs e)
{
    EdiitStudInfo esi = new EdiitStudInfo();
    esi.MdiParent = this;
    esi.Show();
}
```

- 单击主界面"退出"主菜单响应事件代码如下：

```
private void 退出ToolStripMenuItem_Click(object sender, EventArgs e)
{
    Application.Exit();
}
```

（2）设计查询学生信息窗体（QueryStudInf.cs），效果参见图 8-7。窗体程序代码如下：

```
public void ShowStuInfo()
{
    // 数据库连接字符串
    string strConn = "server = .;uid = sa;pwd = 123456ab78;database =
studentDB";
    // 连接数据库
    SqlConnection sqlConn = new SqlConnection(strConn);
    // 写 SQL 语句
    string strSql = "select * from student";
    SqlDataAdapter sda = new SqlDataAdapter(strSql, strConn);
    DataSet dsStu = new DataSet();
    sda.Fill(dsStu);
    dgvStuInfo.DataSource = dsStu.Tables[0];
}
```

（3）设计修改学生信息窗体（EditStudInfo.cs），效果参见图 8-8。窗体程序代码如下：

```
public partial class EdiitStudInfo : Form
{
    SqlConnection sqlConn;
    SqlDataAdapter sda;
    DataSet dsStu;
    public EdiitStudInfo()
    {
        InitializeComponent();
    }
    // 窗体加载
    private void EdiitStudInfo_Load(object sender, EventArgs e)
    {
        // 窗体一加载在窗体下方显示所有学生信息
        ShowStuInfo();
    }
    // 查询显示所有学生信息
    public void ShowStuInfo()
    {
        // 数据库连接字符串
        string strConn = "server = .;uid = sa;pwd = 123456ab78;database =
studentDB";
        // 连接数据库
        sqlConn = new SqlConnection(strConn);
        // 写 SQL 语句
        string strSql = "select * from student";
        sda = new SqlDataAdapter(strSql, strConn);
        dsStu = new DataSet();
        sda.Fill(dsStu);
        dgvStuInfo.DataSource = dsStu.Tables[0];
    }
```

```csharp
    // 将表格中选择的行的数据显示在上方文本框中
    private void dgvStuInfo_CellClick(object sender, DataGridViewCellEventArgs e)
    {
        // 得到选择的行的索引
        int rowIndex = e.RowIndex;
        // 取出数据并显示到界面上
        //dtpStudyDate.Value = (DateTime)dgvStuInfo.Rows[rowIndex].
Cells["colStudyDate"].Value;
        txtStuId.Text = dgvStuInfo.Rows[rowIndex].Cells["colStuID"].Value.
ToString();
        txtStuName.Text = dgvStuInfo.Rows[rowIndex].Cells["colStuName"].
Value.ToString();
        cmbSex.Text = dgvStuInfo.Rows[rowIndex].Cells["colStuSex"].Value.
ToString();
        txtAddress.Text = dgvStuInfo.Rows[rowIndex].Cells["colstuAddress"].
Value.ToString();
        dtpBirthday.Value = (DateTime)dgvStuInfo.Rows[rowIndex].
Cells["colStuBirth"].Value;
    }
    // 修改学生信息
    private void btnEdit_Click(object sender, EventArgs e)
    {
        //1. 获取前台数据
        string stuID = txtStuId.Text;
        string stuName = txtStuName.Text;
        string stuSex = cmbSex.Text;
        string stuAddress = txtAddress.Text;
        string stuBirth = dtpBirthday.Value.ToShortDateString();
        // 写 SQL 语句
        string strSql2 = string.Format("update student set stuName =
'{0}',stuSex = '{1}',stuBirth = '{2}',stuAddress = '{3}' where stuID =
'{4}'",stuName,stuSex,stuBirth,stuAddress,stuID);
        // 创建命令对象，用于执行 SQL 语句
        SqlCommand sqlCmd = new SqlCommand(strSql2, sqlConn);
        /*****************    执行 SQL 语句    ****************/
        try
        {
            sqlConn.Open();
            int n = sqlCmd.ExecuteNonQuery();
            if(n > 0)
            {
                MessageBox.Show("修改记录成功！");
            }
        }
        catch (Exception ex)
        {
            MessageBox.Show("发生异常，原因：\n" + ex.Message);
        }
        finally
        { sqlConn.Close();}
        // 重新绑定数据
        ShowStuInfo();
    }
```

任务小结

（1）DataTable 表示一个数据表，而 DataColumn 表示 DataTable 中列的结构。

（2）DataAdapter 对象用来填充数据集和更新数据集到数据库，这样方便了数据库和数据集之间的交互。

（3）在数据库编程中使用数据绑定控件时，DataGridView 控件是 Visual Studio.NET 中提供的最通用、最强大和最灵活的控件。

（4）DataGridView 控件以二维表的形式显示数据，并根据需要支持数据编辑功能。

知识拓展

1. DataReader 对象

这是一个快速而易用的对象，可以从数据源中操作只读只进的数据流。对于简单地读取数据来说，此对象的性能最好。同样，适用于 SQL Server 的 DataReader 被称为 SqlDataReader，用于 ODBC 的 OdbcDataReader 和用于 OLE DB 的 OleDbDataReader。这个对象有些特殊，就是其无法像其他对象一样通过 new 关键字创建实例，而只能通过上面的 Command 对象执行 ExceuteReader() 方法的返回值来获取，而且在完成 Reader 的所有操作前，当前的数据连接是不允许关闭的。

表 8-9 所示为 DataReader 对象的常用属性和方法。

表 8-9　DataReader 对象的常用属性和方法

属性和方法		描　　述
属　　性	FieldCount	返回当前行中的列数
方　　法	Read ()	前进到下一行记录
	Close()	关闭 DataReader 对象

使用 DataReader 检索数据的步骤：

（1）创建 Command 对象。

（2）调用 ExecuteReader() 创建 DataReader 对象。

（3）使用 DataReader 的 Read() 方法逐行读取数据。

（4）读取某列的数据，(type)dataReader[ ]。

（5）关闭 DataReader 对象。

2. ADO.NET 中的事务处理

所谓事务就是这样的一系列操作，这些操作被视为一个操作序列，要么全做，要么全不做，是一个不可分割的程序单元。在数据库数据处理中经常会发生数据更新事件，为了保证数据操作的安全与一致，大型数据库服务器都支持事务处理，以保证数据更新在可控的范围内进行。

在应用程序的数据处理过程中，经常会遇到一种情况：当某一数据发生变化后，相关的数据不能及时被更新，造成数据不一致，以至发生严重错误。

例如，在一个银行应用程序中，如果资金从一个账户转到另一个账户，则会将一定的金额记入一个账户的贷方，同时将相同的金额记入另一个账户的借方。由于计算机可能会因为停电、网络中断等原因而出现故障，所以有可能更新了一个表中的行，但没有更新相关表中的行。如果数据库支持事务，则可以将数据库操作组成一个事务，以防止因这些事件而使数据库出现不一致。

ADO.Net 中也提供了事务处理功能，通过 ADO.net 事务，可以将多个任务绑定在一起，如果所有的任务成功，就提交事务，如果有一个任务失败，就将滚回事务，ADO.Net 事务通过该 Transaction 类实现，每个 .Net Framework 数据提供程序都有自己的 Transaction 类执行事务。ADO.NET 通过 Connection 对象的 BeginTransaction() 方法实现对事务处理的支持，该方法返回一个实现 IDbTransaction 接口的对象，而该对象是在 System.Data 中被定义的。

表 8-10 所示为 SqlTransaction 对象的常用属性和方法。

表 8-10   SqlTransaction 对象的常用属性和方法

属性和方法		描　述
属　　性	Connection	获取与事务处理关联的 SqlConnection 对象
方　　法	Commit ()	提交数据库事务处理
	Rollback()	回滚数据库事务处理

执行 ADO.Net 事务包含 4 个步骤，下面以 SQLTransaction 对象为例进行介绍：

（1）调用 SqlConnection 对象的 BeginTransaction() 方法，创建一个 SqlTransaction 对象标记事务开始。

（2）将创建的 SqlTransaction 对象分配给要执行的 SqlCommand 的 Transaction 属性。

（3）调用对应的方法执行 SQLCommand 命令。

（4）调用 SqlTransaction 的 Commit() 方法完成事务，或者调用 Rollback() 方法终止事务。

项目总结

（1）DataReader 对象提供只读和连接式数据访问，并要求使用专用的数据连接。

（2）通过定义 DataRow 对象向 DataTable 对象添加数据行。

（3）使用 DataSource 属性为 DataGridView 控件设置一个有效的数据源。

（4）DataGridView 是强大的数据绑定控件，可以用来显示数据集中的数据表。

文　档

项目8
实施评价表

常见问题解析

（1）DO.NET 中读/写数据库需要使用哪些对象？作用分别是什么？

● DataConnection：连接对象。

● Command：执行命令和存储过程。

● DataReader：向前只读的数据流。

● DataAdapter：适配器，支持增删查询。

- DataSet：数据存储器。
- DataReader：向前只读的数据流。

（2）为什么在窗体上显示数据表内容时出现对象名"*****"无效？

当前使用的数据库中没有"*****"这张表，查看程序中是否写错了所调用的表的名称，或查看 SQL 数据库中是否存在所调用的表。

习 题

一、选择题

1. ADO.NET 的两个主要组件是（　　）和（　　）。

　　A. DataAdapte 和 DataSet　　　　　　　　B. Connection 和 Command

　　C. .NET 数据提供程序和 Command　　　　D. DataSet 和 .NET 数据提供程序

2.（　　）方法执行指定为 Command 对象的命令文本的 SQL 语句，并返回受 SQL 语句影响或检索的行数。

　　A. ExecuteNonQuery　　　　　　　　　　B. ExecuteReader

　　C. ExecuteQuery　　　　　　　　　　　　D. ExecuteScalar

3. DataAdapter 对象的（　　）方法用于填充数据集。

　　A. Close()　　　　　　B.Read()　　　　　　C. Fill()　　　　　　D. Open()

4. Connection 对象的（　　）方法用于打开与数据库的连接。

　　A. Close　　　　　　B. ConnectionString　　C. Open　　　　　　D. Database

5. DataGridView 的（　　）属性用于确定选定的当前行。

　　A. CurrentCell　　　　B. CellChanged　　　　C. CurrentRow　　　　D. Delete

二、简答题

1. 简述数据适配器组件的作用。

2. 什么是数据集？

三、实践题

1. 利用 ADO.NET 建立一个教师和学生管理系统，可以增加、删除、修改教师和学生信息。

2. 使用 DataGridView 控件，实现一个类似于 SQL Server 企业管理器中显示添加、修改和删除数据的界面。在界面上指定一个数据表，将这个表的数据呈现给用户，并且允许用户对其进行增删改查。

项目 9

智能家居系统

智能家居系统模拟实现对室内环境监测及风扇、灯光联动控制、门禁刷卡控制、红外报警及点阵联动控制、烟雾报警及语音联动控制。本项目通过唯众物联网实训平台，为智能家居提供解决方案。项目主要包括 5 个部分：搭建智能家居网络环境、监测及控制环境、实现 RFID 门禁功能、实现红外报警功能、实现烟雾报警功能。

唯众物联网实训平台，是一套基于物联网系统的综合应用平台。实训平台融合 C# 应用开发、Android 应用开发及单片机应用开发于一体，集成了物联网应用的主要技术。基于平台，通过 C# 语言，可以开发出各种物联网应用软件。

学习目标

- 理解物联网实训平台的硬件组成及技术参数。
- 掌控 WPF 编程的基本方法。
- 掌握使用 C# 语言实现物联网平台传感器数据的方法。
- 掌握使用 C# 语言实现物联网平台硬件启动及停止的方法。

项目描述

1. 搭建智能家居网络环境

实现唯众物联网融合平台环境搭建，客户端通过浏览器访问服务器网页，以"新增项目"的方法在局域网中搭建无线网关连接实现物联网平台传感器及物联网设备的在线监测及控制，"项目"创建成功后，会生成对应的项目编号 ProjectId，智能家居网络环境搭建成功后，通过服务器地址和项目编号实现后续物联网应用程序开发。

2. 监测及控制环境

实现对物联网平台温度传感器及光敏传感器数据的实时监测和分析，通过实时数据自动控制风扇的打开和关闭，RGB 灯的打开和关闭，用户同时可以通过"打开风扇"、"关闭风扇"、"打开

RGB 灯"和"关闭 RGB 灯"实现手动控制风扇和 RGB 灯的打开和关闭，项目运行主界面如图 9-1 所示。

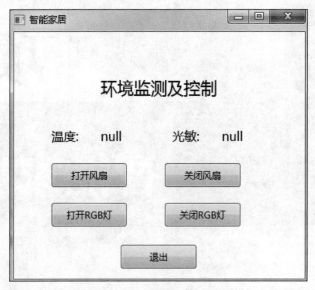

图 9-1　环境监测及控制主界面

3. 实现 RFID 门禁功能

实现 RFID 卡门禁控制，程序运行首先通过"开卡"实现 RFID 房卡数据的识别，识别的数据作为有效房卡数值。开卡成功后，需要刷卡进行验证，如果刷卡数据与开卡数据一致，则提示刷卡成功，同时打开风扇模拟刷卡成功，否则提示刷卡失败。项目运行主界面如图 9-2 所示。

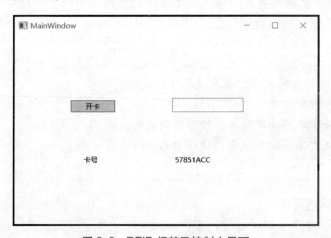

图 9-2　RFID 门禁及控制主界面

4. 实现红外报警功能

项目运行实时监测红外传感器数据，红外监测无人时，状态显示为"正常"，点阵初始显示"正常"。如果红外监测到有人进入，状态变为"有人进入"，同时控制点阵循环显示"有人进入"，如果人离开，状态显示为"正常"，点阵恢复显示"正常"，项目运行主界面如图 9-3 所示。

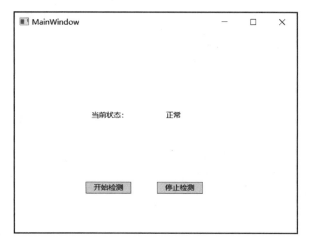

图 9-3   红外报警及控制主界面

5. 实现烟雾报警功能

项目运行实时监测烟雾传感器数据，烟雾监测无烟雾或可燃气体时，状态显示为"正常"，如果监测到有烟雾或可燃气体，状态显示为"烟雾报警"，同时控制语音模块重复发出报警声"请注意烟雾报警"，如果烟雾或可燃气体消失，语音模块停止报警，状态显示为"正常"。项目运行主界面如图 9-4 所示。

图 9-4   烟雾报警及控制主界面

工作任务

- 任务 1：搭建智能家居网络环境。
- 任务 2：监测及控制环境。
- 任务 3：实现 RFID 门禁功能。
- 任务 4：实现红外报警功能。
- 任务 5：实现烟雾报警功能。

任务 1　搭建智能家居网络环境

任务描述

实现唯众物联网融合平台环境搭建，客户端通过浏览器访问服务器网页，以"新增项目"的方法在局域网中搭建无线网关连接实现物联网平台传感器及物联网设备的在线监测及控制。"项目"创建成功后，会生成对应的项目编号 ProjectId；智能家居网络环境搭建成功后，通过服务器地址和项目编号实现后续物联网应用程序开发。

知识引入

1. 唯众物联网平台

主要硬件设备：

（1）结点底板：用来安装传感器及无线模块，如图 9-5 所示。

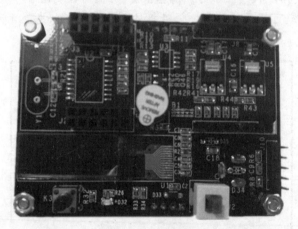

图 9-5　结点底板

（2）无线模块：用来实现与无线网关组网，连接传感器与无线网关，如图 9-6 所示。

图 9-6　无线模块

（3）无线网关：实现与无线模块的组网功能，为应用程序读取数据及控制硬件提供支持，如图 9-7 所示。

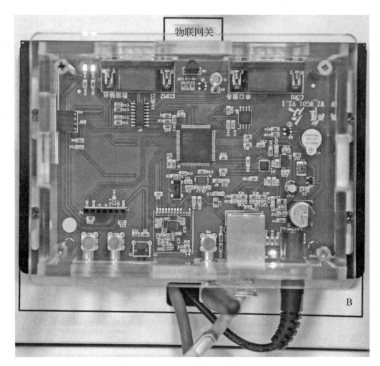

图 9-7　无线网关图

（4）传感器：实现对外部环境的监测。

2. 常用物联结点 UID

在物联网实训平台中，为区别不同的物联网传感器结点，帮助应用程序开发，为不同的结点分配固定的 UID 值。在程序开发中，调用动态链接库，通过不同的 UID 值对物联结点进行监测和控制。常见物联结点 UID 值如表 9-1 所示。

表 9-1　常用物联网结点 UID 数值表

结点名称	UID 值
温湿度	30008
光敏	30009
可燃气体	30010
人体红外	30011
风扇	30012
RFID	30013
门锁	30014
电灯	30015
继电器	30016

续表

结 点 名 称	UID 值
点阵	30021
RGB 三色灯	30018
语音播放	30023
雨滴检测	30022

3. 唯众物联网融合平台

平台特点：

（1）跨平台：基于 Web 架构的仅仅是网页浏览器或者移动终端，无须纠结使用哪款操作系统。任何可以上网的 PC、智能手机、平板计算机等设备都可以随时随地地访问平台。

（2）安全、稳定：系统提供了完善的权限保障机制，平台数据传输身份认证方面采用 MD5 签名验证；对于耗时较为严重，需占用较多资源的功能，实现异步调用，事件驱动模型和事件注册机制可最大限度地发挥异步多线程服务的优点。

（3）技术先进功能强大：平台 B/S 采用 MVC 模式开发；抽象出对象层、展现层和控制层，之间没有依赖性，松耦合的代码组织方便进行大规模的并行开发，分批分次对整个系统进行升级、维护、改造提供基础，扩展能力极强。

（4）支持多传感器的规则与动作：平台支持传感器规则定义，根据用户定义的一个或多个条件，后台实时监控，在其满足的情况下，对相应传感器进行控制。

（5）多设备管理：平台实现不同类型不同数量的设备管理。

（6）多协议支持：平台物联网设备支持 433M、ZigBee 等协议。

（7）提供相关 API：平台根据项目生成对应 API 文档，可在开发时查阅与使用。

在浏览器中输入物联网融合平台 IP 地址，登录页面输入自己的用户名、密码后，单击"登录"按钮，进入平台；平台首页会显示当前登录用户的所有项目，如图 9-8 所示。

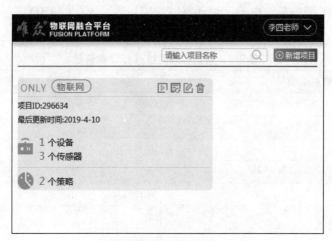

图 9-8　物联网融合平台登录图

如果该用户是第一次登录或将自己的项目全部删除，需要创建项目后才可进行后续操作，如图 9-9 所示。

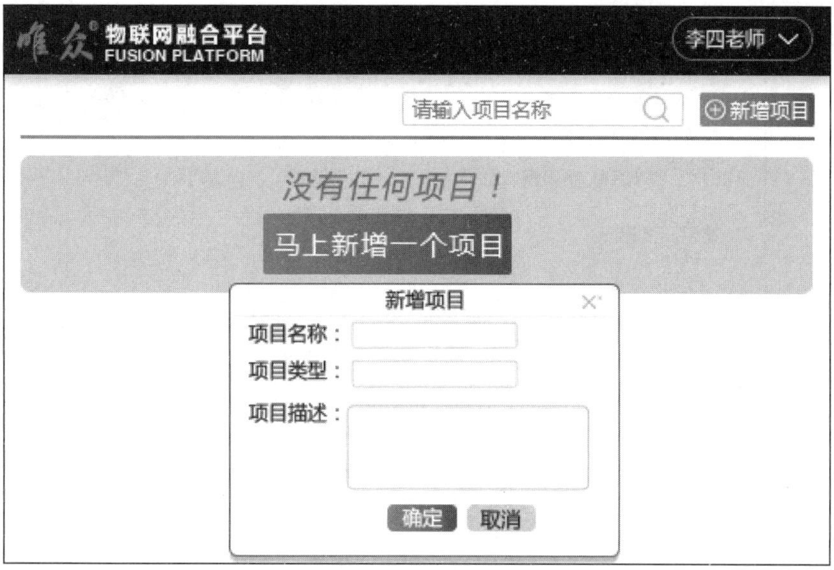

图 9-9　创建项目图

单击"新增项目"或"马上新增一个项目",在弹出的新增页面中,输入相关信息后点击"确定"按钮,完成项目新增,新增成功的项目会出现在项目列表中。

一个刚刚新增的项目是没有任何数据的,接下来需要对项目添加设备,单击上面列表中的设备或传感器数量,跳转到设备管理页面,如图 9-10 所示。

图 9-10　设备管理图

在设备管理页面,单击"新增设备",弹出新增设备页面,填写设备信息后单击"确定"按钮。完成新增(见图 9-11),新增成功设备会出现在设备列表中。

图 9-11 新增设备图

单击"确定"按钮，设备添加成功后，如图 9-12 所示。

图 9-12 设备添加成功图

注意：

（1）添加设备时会验证平台与设备是否连接通，在没有连通或输入信息错误的情况下，新增失败。

常见的失败原因及解决方案如下：

● 网关未开启（为网关通电，开启网关）。

● 网关与平台不在同一局域网（设置网关与平台在同一局域网内）。

● 网关 IP 或 SN 填写错误（检查设备上标签与填写内容）。

（2）设备添加成功后，平台会自动解析设备下传感器，不需要再次对传感器进行添加。

（3）平台定时检查设备是否在线，更新设备列表状态栏中的信息，如果无法获取平台数据，可先检查设备状态。

单击列表操作栏中的按钮对设备进行操作，如图 9-13 所示。

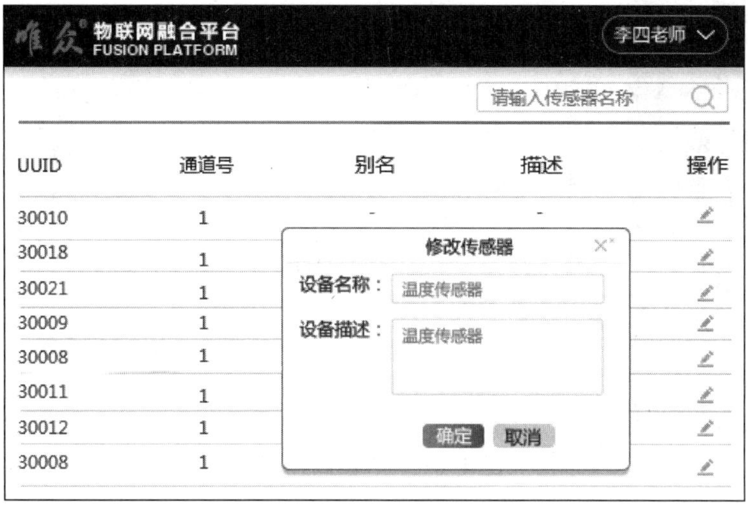

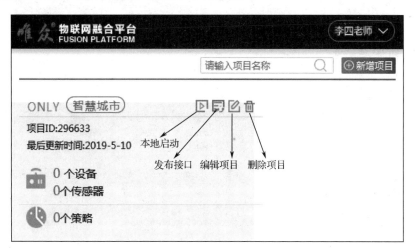

图 9-13　设备添加成功图

设备添加完成后，在项目列表页面的项目中单击"发布"按钮，生成该项目的 API 接口，接下来将根据生成的 API 接口进行开发，如图 9-14 所示。

图 9-14　项目发布完成图

单击"发布"按钮后跳转到 API 接口页面，如图 9-15 所示。

图 9-15　API 接口页面图

选择相应接口，单击"查询单个传感器最新数据"，本节以获取温湿度传感器数据为例，如图 9-16 所示。

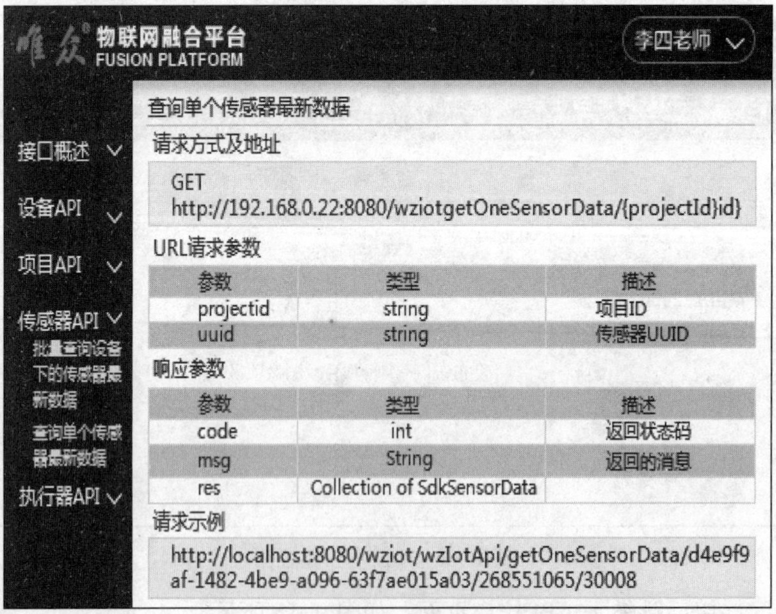

图 9-16　温湿度传感数据监测图

根据 API 生成的接口，将 http 地址复制到浏览器的 url 地址栏中，并将相关参数进行替换，便可获取到设备的数据或对设备进行控制。本节以获取温湿度传感器数据为例，如图 9-17 所示。

← → C ① 不安全 | 192.168.0.22:8080/wziot/wzlotApi/getOneSensorData/97f8c250-b161-4f29-9902-dc5135a0f037/30008

{"code":201,"msg":"获取数据成功","res":[{"passGatewayNum":"1","time":"1556609293678","uuid":"30008","value":"26.5"},{"passGatewayNum":"2","time":"1556609288353","uuid":"30008","value":"52.5"}]}

图 9-17　设备监测控制图

4. WPF 窗体程序

WPF 为 Windows Presentation Foundation 的首字母缩写，中文译为"Windows 呈现基础"。WPF 是微软推出的基于 Windows 的用户界面框架，是 Windows 操作系统中一次重大变革，它提供了统一的编程模型、语言和框架，真正做到了分离界面设计人员与开发人员的工作。WPF 是基于 DirectX 引擎的，支持 GPU 硬件加速，在不支持硬件加速时也可以使用软件绘制，同时它提供了全新的多媒体交互用户图形界面。

视 频 ●
WPF窗体创建

【例 9-1】新建第一个 WPF 项目。

（1）新建 WPF 项目，跟新建 Winform 项目一样，选择"文件"→"新建"→"项目"→"WPF 应用程序"，选择存储位置，输入名称即可，如图 9-18 所示。

图 9-18　新建 WPF 项目

（2）单击"确定"按钮，进入 WPF 窗口设计界面，如图 9-19 所示。

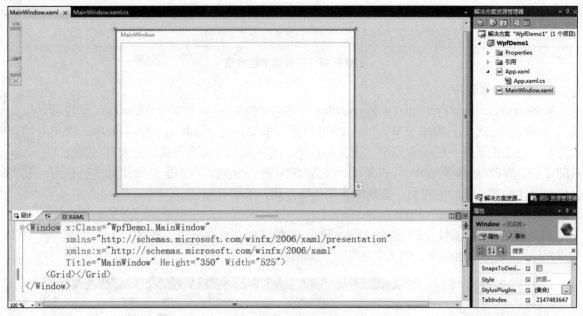

图 9-19　设计 WPF 窗口

　　新建的 WPF 项目会自动生成一个 App.xaml 和 MainWindow.xaml 文件，App.xaml 用来设置 Application，应用程序的起始文件和资源及应用程序的一些属性和事件，App.xaml.cs 是处理应用程序的相关资源和事件，MainWindow.xaml 是相应的窗体文件，MainWindow.xaml.cs 是窗体后台代码设计文件。

　　（3）向设计窗口中添加一个标签 Lable 控件，这时 XAML 代码窗口会自动在 <Grid>…</Grid> 间自动生成标签 Lable1 代码，设置 Lable 的 Content 属性为"窗口一"，如图 9-20 所示。

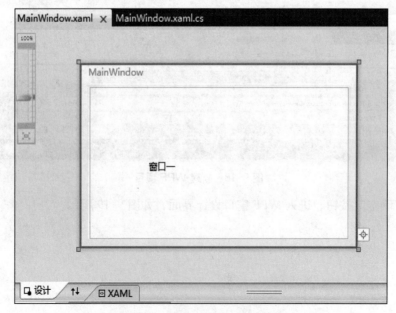

图 9-20　设计 MainWindow 窗体

（4）再向 WPF 项目中添加一个 WPF 窗口，使用默认名称 Window1，如图 9-21 所示。

图 9-21　新建 WPF 窗口图

（5）向 Window1 中添加一个标签 Lable1，设置 Lable 的 Content 属性为"窗口二"。运行项目，效果如图 9-22 所示。

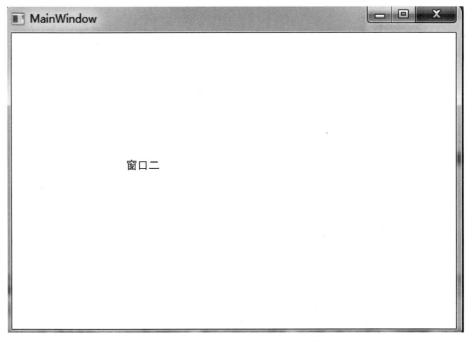

图 9-22　第一个 WPF 项目运行效果图

项目初始运行窗口为 MainWindow，如果修改 App.xaml 文件中 StartupUri 属性值为 StartupUri="Window1.xaml"，项目运行则显示窗口 Window1。

5. WPF 窗体布局

WPF 窗体控件要求放在一个容器中，布局控件主要用来存放基本控件和其他容器控件，布局控件同时可能通过属性设置内容控件的位置及对齐方式。Grid 布局控件为 WPF 窗体默认添加的布局控件，Grid 称为"网格"，由行和列组成，如果没有拆分行和列，默认为 1 行 1 列，即一个单元格。一个单元格内也可放多个控件，根据控件的 Margin 值确定控件的位置，如 Margin="128,126,0,0"，表示控件离单元格"左上右下"的距离。为了美化窗体，往往使用多行多列以及嵌套布局容器的方式设计窗体，并且 Grid 的行和列还可以像 Word 中的表格一样进行合并。

【例 9-2】使用 Grid 布局设计登录窗口。

（1）新建一个 WPF 项目，设置 window 属性为：Title="登录" Height="300" Width="400"，分别表示窗体的标题、高度和宽度，使用一个 5 行 3 列的 Grid 进行窗体布局。布局代码如下：

视频

Grid布局

```xml
<Grid>
    <Grid.RowDefinitions>
        <RowDefinition Height="*"></RowDefinition>
        <RowDefinition Height="40"></RowDefinition>
        <RowDefinition Height="40"></RowDefinition>
        <RowDefinition Height="40"></RowDefinition>
        <RowDefinition Height="*"></RowDefinition>
    </Grid.RowDefinitions>
    <Grid.ColumnDefinitions>
        <ColumnDefinition Width="80"></ColumnDefinition>
        <ColumnDefinition Width="*"></ColumnDefinition>
        <ColumnDefinition Width="40"></ColumnDefinition>
    </Grid.ColumnDefinitions>
</Grid>
```

"*"表示自适应，如果其他行和列规定了宽度或高度，则余下的部分被"*"对应的行或列平分，如果剩下的只有一行或一列为"*"，则占据所有余下位置，生成的网格布局如图 9-23 所示。

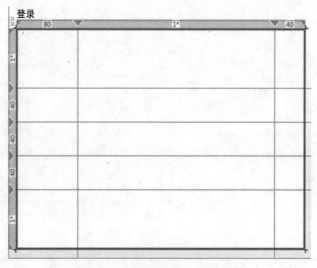

图 9-23　登录窗体 Grid 布局效果

（2）继续向窗体 Grid 网格中添加控件，设计代码如下：

```
<Grid>
    <Grid.RowDefinitions>
        <RowDefinition Height = "*"></RowDefinition>
        <RowDefinition Height = "40"></RowDefinition>
        <RowDefinition Height = "40"></RowDefinition>
        <RowDefinition Height = "40"></RowDefinition>
        <RowDefinition Height = "*"></RowDefinition>
    </Grid.RowDefinitions>
    <Grid.ColumnDefinitions>
        <ColumnDefinition Width = "80"></ColumnDefinition>
        <ColumnDefinition Width = "*"></ColumnDefinition>
        <ColumnDefinition Width = "40"></ColumnDefinition>
    </Grid.ColumnDefinitions>
    <TextBlock Grid.Row = "1" Grid.ColumnSpan = "3" Text = "唯众物联管理平台
2.0" TextAlignment = "Center"  FontSize = "22"></TextBlock>
    <TextBlock  Grid.Row = "2" TextAlignment = "Right"
VerticalAlignment = "Center" Text = "IP地址:"/>
    <TextBox Grid.Row = "2" Grid.Column = "1" Height = "30" Name = "txtName"
Margin = "10 0 10 0" />
    <TextBlock  Grid.Row = "3" TextAlignment = "Right"
VerticalAlignment = "Center" Text = "项目ID:"/>
    <TextBox Grid.Row = "3" Grid.Column = "1" Height = "30" Name = "txtPwd"
Margin = "10 0 10 0" />
    <StackPanel Grid.Row = "4" Grid.Column = "1" Orientation = "Horizontal">
    <Button Content = "连接" Width = "70" Margin = "30 0 0 0"
Height = "30" Name = "btnLogin" />
    <Button Content = "退出" Width = "70" Margin = "30 0 0 0"
Height = "30" Name = "btnExit" />
    </StackPanel>
</Grid>
```

运行项目，窗体界面如图 9-24 所示。

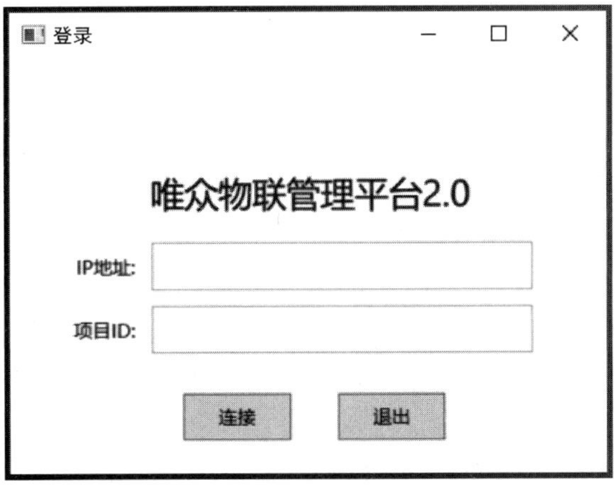

图 9-24　登录窗体效果图

其中，Grid.Row 表示行，Grid.Column 表示列，行和列编号由 0 开始，即 0 表示第一行或第一列，依次类推，没有说明行和列的默认为第一行和第一列。StackPanel 为容器控件，经常用来

组织多个控件同行或同列成一条线，Orientation 属性决定 SatckPanel 中元素的排列方向，默认为
Orientation="Vertical"，即垂直排列，控件自适应里面控件的宽度或高度。

【例9-3】编写 WPF 窗体的事件代码。

WPF 的事件代码编写类似于 Winform 窗体，在窗体设计窗口中，双击"登录"按钮自动生成"登录"按钮的 Click 事件代码。编写代码如下：

```
private void btnLogin_Click(object sender, RoutedEventArgs e)
{
    try
    {
        var task = httpClient.GetAsync("http://"+ txtName.Text+
        ":8080/wziot/wzIotApi/" + "getProjectState/" + txtPwd.Text);
        task.Result.EnsureSuccessStatusCode();
        HttpResponseMessage response = task.Result;
        var result = response.Content.ReadAsStringAsync();
        string responseBodyAsText = result.Result;

        var jsonObject = JsonConvert.DeserializeObject<dynamic>(respons
    eBodyAsText);
        if (jsonObject["msg"].Value == "查询数据成功")
        {
            task = httpClient.GetAsync("http://" + txtName.Text +
        ":8080/wziot/wzIotApi/" + "isCreateOfProject/" + txtPwd.Text);

            task.Result.EnsureSuccessStatusCode();
            response = task.Result;
            result = response.Content.ReadAsStringAsync();
            responseBodyAsText = result.Result;
            jsonObject = JsonConvert.DeserializeObject<dynamic>(respons
        eBodyAsText);
            if (jsonObject["msg"].Value == "该项目已生成")
            {
                MessageBox.Show("验证通过，欢迎登录！");
            }
            else MessageBox.Show("项目未生成！");
        }
        else MessageBox.Show("参数有误！");
    }
    catch
    {
        MessageBox.Show("参数有误！");
    }
}

private void btnExit_Click(object sender, RoutedEventArgs e)
{
    this.Close();
}
```

 **任务实现**

1. 窗体界面设计

新建 WPF 项目，使用 Grid 布局设计代码如下：

```xml
<Window x:Class="text.MainWindow"
        xmlns="http://schemas.microsoft.com/winfx/2006/xaml/presentation"
        xmlns:x="http://schemas.microsoft.com/winfx/2006/xaml"
        xmlns:d="http://schemas.microsoft.com/expression/blend/2008"
        xmlns:mc="http://schemas.openxmlformats.org/markup-compatibility/2006"
        xmlns:local="clr-namespace:text"
        mc:Ignorable="d"
        Title="登录" Height = "300" Width = "400">
    <Grid>
        <Grid.RowDefinitions>
            <RowDefinition Heiqht = "*"></RowDefinition>
            <RowDefinition Height = "40"></RowDefinition>
            <RowDefinition Height = "40"></RowDefinition>
            <RowDefinition Height = "40"></RowDefinition>
            <RowDefinition Height = "*"></RowDefinition>
        </Grid.RowDefinitions>
        <Grid.ColumnDefinitions>
            <ColumnDefinition Width = "80"></ColumnDefinition>
            <ColumnDefinition Width = "*"></ColumnDefinition>
            <ColumnDefinition Width = "40"></ColumnDefinition>
        </Grid.ColumnDefinitions>
        <TextBlock Grid.Row = "1" Grid.ColumnSpan = "3" Text = "唯众物联管理平台
2.0" TextAlignment = "Center"  FontSize = "22"></TextBlock>
        <TextBlock  Grid.Row = "2" TextAlignment = "Right"
VerticalAlignment = "Center" Text = "IP地址:"/>
        <TextBox Grid.Row = "2" Grid.Column = "1" Height = "30" Name = "txtName"
Margin = "10 0 10 0" />
        <TextBlock  Grid.Row = "3" TextAlignment = "Right"
VerticalAlignment = "Center" Text = "项目ID:"/>
        <TextBox Grid.Row = "3" Grid.Column = "1" Height = "30" Name = "txtPwd"
Margin = "10 0 10 0" />
        <StackPanel Grid.Row = "4" Grid.Column = "1" Orientation = "Horizontal">
            <Button Content = "连接" Width = "70" Margin = "30 0 0 0"
Height = "30" Name = "btnLogin" Click = "btnLogin_Click" />
            <Button Content = "退出" Width = "70" Margin = "30 0 0 0"
Height = "30" Name = "btnExit" Click = "btnExit_Click" />
        </StackPanel>
    </Grid>
</Window>
```

2. 代码实现

使用唯众物联融合平台，编写窗体后台代码如下：

```csharp
using System;
using System.Collections.Generic;
using System.Linq;
using System.Text;
using System.Threading.Tasks;
```

```
using System.Windows;
using System.Windows.Controls;
using System.Windows.Data;
using System.Windows.Documents;
using System.Windows.Input;
using System.Windows.Media;
using System.Windows.Media.Imaging;
using System.Windows.Navigation;
using System.Windows.Shapes;
using Newtonsoft.Json;
using System.Net.Http;

namespace text
{
    /// <summary>
    /// MainWindow.xaml 的交互逻辑
    /// </summary>
    public partial class MainWindow : Window
    {
        private HttpClient httpClient;
        private HttpClientHandler handler;

        public MainWindow()
        {
            InitializeComponent();
            handler = new HttpClientHandler();
            handler.AllowAutoRedirect = false;
            httpClient = new HttpClient(handler);
            httpClient.MaxResponseContentBufferSize = 256000;
        }
        private void btnLogin_Click(object sender, RoutedEventArgs e)
        {
            try
            {
                var task = httpClient.GetAsync("http://"+ txtName.Text+
            ":8080/wziot/wzIotApi/" + "getProjectState/" + txtPwd.Text);
                task.Result.EnsureSuccessStatusCode();
                HttpResponseMessage response = task.Result;
                var result = response.Content.ReadAsStringAsync();
                string responseBodyAsText = result.Result;
                var jsonObject = JsonConvert.DeserializeObject<dynamic>(respons
            eBodyAsText);
                if (jsonObject["msg"].Value == "查询数据成功")
                {
                    task = httpClient.GetAsync("http://" + txtName.Text +
                ":8080/wziot/wzIotApi/" + "isCreateOfProject/" + txtPwd.Text);
                    task.Result.EnsureSuccessStatusCode();
                    response = task.Result;
                    result = response.Content.ReadAsStringAsync();
                    responseBodyAsText = result.Result;
                    jsonObject = JsonConvert.DeserializeObject<dynamic>(respons
                eBodyAsText);
                    if (jsonObject["msg"].Value == "该项目已生成")
                    {
```

```
                MessageBox.Show("验证通过，欢迎登陆！");
            }
            else MessageBox.Show("项目未生成！");
        }
        else MessageBox.Show("参数有误！");
    }
    catch
    {
        MessageBox.Show("参数有误！");
    }
}

private void btnExit_Click(object sender, RoutedEventArgs e)
{
    this.Close();
}
    }
}
```

 任务小结

（1）唯众物联融合平台通过局域网实现物联网设备的在线管理。

（2）WPF 是微软推出的基于 Windows 的用户界面框架，它提供了统一的编程模型、语言和框架，实现界面设计人员与开发人员工作的分离。

任务 2　监测及控制环境

任务描述

监测及控制环境实现对物联网平台温度传感器及光敏传感器数据的实时监测和分析，通过实时数据自动控制风扇的打开和关闭、RGB 灯的打开和关闭。当监测到室内温度高于 28℃时，自动控制打开风扇；当温度低于 28℃，自动控制关闭风扇；当监测到光敏值高于 150℃时，自动控制打开 RGB 灯，否则关闭 RGB 灯。用户同时可以通过"打开风扇""关闭风扇""打开 RGB 灯""关闭 RGB 灯"实现手动控制风扇和 RGB 灯的打开和关闭。

知识引入

1. 温湿度传感器

温湿度传感器是把空气中的温湿度通过一定检测装置，测量到温湿度后，按一定的规律变换成电信号或其他所需形式的信息输出，用以满足用户需求。

温湿度传感器是指能将温度量和湿度量转换成容易被测量处理的电信号的设备或装置。市场上的温湿度传感器一般是测量温度量和相对湿度量。

2. 光敏传感器

光敏传感器是对外界光信号或光辐射有响应或转换功能的敏感装置。光敏传感器是利用光敏元件将光信号转换为电信号的传感器，它的敏感波长在可见光波长附近，包括红外线波长和紫外线波长。光传感器不只局限于对光的探测，它还可以作为探测元件组成其他传感器。

 任务实现

1. 窗体界面设计

新建 WPF 项目，使用 Grid 布局设计代码如下：

```xml
<Window x:Class = "text.MainWindow"
        xmlns = "http://schemas.microsoft.com/winfx/2006/xaml/presentation"
        xmlns:x = "http://schemas.microsoft.com/winfx/2006/xaml"
        xmlns:d = "http://schemas.microsoft.com/expression/blend/2008"
        xmlns:mc = "http://schemas.openxmlformats.org/markup-compatibility/2006"
        xmlns:local = "clr-namespace:text"
        mc:Ignorable = "d"
        Title = "智能家居" Height = "345" Width = "345">
    <Grid>
        <Label x:Name = "label" Content = "温度: " HorizontalAlignment = "Left"
    Margin = "49,105,0,0" VerticalAlignment = "Top"/>
        <Label x:Name = "label1" Content = "null" HorizontalAlignment = "Left"
    Margin = "109,105,0,0" VerticalAlignment = "Top"/>
        <Button x:Name = "button" Content = "打开风扇" HorizontalAlignment = "Left"
    Margin = "49,168,0,0" VerticalAlignment = "Top" Width = "75" Click = "button_
    Click"/>
        <Button x:Name = "button1" Content = "关闭风扇"
    HorizontalAlignment = "Left" Margin = "195,168,0,0" VerticalAlignment = "Top"
    Width = "75" Click = "button1_Click"/>
        <Label x:Name = "label2" Content = "环境监测及控制"
    HorizontalAlignment = "Left" Margin = "72,32,0,0" VerticalAlignment = "Top"
    Height = "41" Width = "182" FontSize = "24"/>
        <Label x:Name = "label3" Content = "光敏: " HorizontalAlignment = "Left"
    Margin = "184,105,0,0" VerticalAlignment = "Top" RenderTransformOrig
    in = "-0.105,-0.378"/>
        <Label x:Name = "label4" Content = "null" HorizontalAlignment = "Left"
    Margin = "240,105,0,0" VerticalAlignment = "Top"/>
        <Button x:Name = "button2" Content = "打开 RGB 灯"
    HorizontalAlignment = "Left" Margin = "49,216,0,0" VerticalAlignment = "Top"
    Width = "75" Click = "button2_Click"/>
        <Button x:Name = "button3" Content = "关闭 RGB 灯"
    HorizontalAlignment = "Left" Margin = "195,216,0,0" VerticalAlignment = "Top"
    Width = "75" Click = "button3_Click"/>
        <Button x:Name = "button4" Content = "退出" HorizontalAlignment = "Left"
    Margin = "123,259,0,0" VerticalAlignment = "Top" Width = "75" RenderTransformOrig
    in = "0.349,-1.081"/>

    </Grid>
</Window>
```

2. 代码实现

使用唯众物联融合平台，编写窗体后台代码如下：

```csharp
using System;
using System.Collections.Generic;
using System.Linq;
using System.Text;
using System.Threading.Tasks;
using System.Windows;
using System.Windows.Controls;
using System.Windows.Data;
using System.Windows.Documents;
using System.Windows.Input;
using System.Windows.Media;
using System.Windows.Media.Imaging;
using System.Windows.Navigation;
using System.Windows.Shapes;
using System.Net.Http;
using Newtonsoft.Json;
using System.Windows.Threading;

namespace text
{
    /// <summary>
    /// MainWindow.xaml 的交互逻辑
    /// </summary>
    public partial class MainWindow : Window
    {
        private HttpClient httpClient;

        private HttpClientHandler handler;
        private DispatcherTimer dispatcherTimer = new DispatcherTimer();
        public string url = "http://192.168.0.193:8080/wziot/wzIotApi/";
        public string projectId = "3179a728-51c4-4fcc-9454-d7324c72187d";
        public MainWindow()
        {
            InitializeComponent();
            handler = new HttpClientHandler();
            handler.AllowAutoRedirect = false;
            httpClient = new HttpClient(handler);
            httpClient.MaxResponseContentBufferSize = 256000;
            // 定时查询 - 定时器
            dispatcherTimer.Tick += new EventHandler(dispatcherTimer_Tick);
            dispatcherTimer.Interval = new TimeSpan(0, 0, 3);
            dispatcherTimer.Start();
        }
        private void dispatcherTimer_Tick(object sender, EventArgs e)
        {
            try
            {
                var task = httpClient.GetAsync(url + "getOneSensorData/" +
        projectId + "/" + 30008);
                task.Result.EnsureSuccessStatusCode();
                HttpResponseMessage response = task.Result;
                var result = response.Content.ReadAsStringAsync();
                string responseBodyAsText = result.Result;
                var jsonObject = JsonConvert.DeserializeObject<dynamic>(respons
```

```
eBodyAsText);

        if (jsonObject["msg"].Value == " 获取数据成功 ")
        {
            if (jsonObject["res"][0]["uuid"] == "30008")
            {
                label1.Content = jsonObject["res"][0]["value"];
            if(Convert.ToInt32 (jsonObject["res"][0]["value"])>28)
            {
                var task = httpClient.GetAsync(url + "controlSensorByKey/"
            + projectId + "?uuid=30012&key=1");   // 打开风扇
            task.Result.EnsureSuccessStatusCode();

            }
            else
            {
                var task = httpClient.GetAsync(url +
            "controlSensorByKey/" + projectId + "?uuid=30012&key=2");
            // 关闭风扇
                task.Result.EnsureSuccessStatusCode();

            }
        }
    }
    else
    {
        MessageBox.Show(" 平台内无温度设备，请检查。");
    }

    task = httpClient.GetAsync(url + "getOneSensorData/" +
    projectId + "/" + 30009);
    task.Result.EnsureSuccessStatusCode();
    response = task.Result;
    result = response.Content.ReadAsStringAsync();
    responseBodyAsText = result.Result;
    jsonObject = JsonConvert.DeserializeObject<dynamic>(responseBod
    yAsText);

    if (jsonObject["msg"].Value == " 获取数据成功 ")
    {
        if (jsonObject["res"][0]["uuid"] == "30009")
        {
            label4.Content = jsonObject["res"][0]["value"];
        if(Convert.ToInt32 (jsonObject["res"][0]["value"])>150)
            {
                var task = httpClient.GetAsync(url + "controlSensorByKey/"
            + projectId + "?uuid=30018&key=1");   // 打开 RGB 灯
             task.Result.EnsureSuccessStatusCode();
            }
            else
            {
                var task = httpClient.GetAsync(url + "controlSensorByKey/"
            + projectId + "?uuid=30018&key=2");   // 关闭 RGB 灯
                task.Result.EnsureSuccessStatusCode();
```

```
                    }
                }
            }
            else
            {
                MessageBox.Show("平台内无光敏设备，请检查。");
            }

        }
        catch
        {
            label.Content = "参数有误";
        }
    }

    private void button_Click(object sender, RoutedEventArgs e)
    {
        var task = httpClient.GetAsync(url + "controlSensorByKey/" +
projectId + "?uuid=30012&key=1");   // 打开风扇
        task.Result.EnsureSuccessStatusCode();
    }

    private void button1_Click(object sender, RoutedEventArgs e)
    {
        var task = httpClient.GetAsync(url + "controlSensorByKey/" +
projectId + "?uuid=30012&key=2");   // 关闭风扇
        task.Result.EnsureSuccessStatusCode();
    }

    private void button2_Click(object sender, RoutedEventArgs e)
    {
        var task = httpClient.GetAsync(url + "controlSensorByKey/" +
projectId + "?uuid=30018&key=1");   // 打开 RGB 灯
        task.Result.EnsureSuccessStatusCode();
    }

    private void button3_Click(object sender, RoutedEventArgs e)
    {
        var task = httpClient.GetAsync(url + "controlSensorByKey/" +
projectId + "?uuid=30018&key=2");   // 关闭 RGB 灯
        task.Result.EnsureSuccessStatusCode();
    }
  }
}
```

任务小结

（1）物联网平台通过 UID 识别不同的物联网设备。

（2）物联网设备控制包括自动控制与手动控制，在烧写单片机程序时根据需要可使用"按键"、"变量"两种方式进行控制。

任务 3 **实现 RFID 门禁功能**

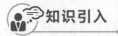 **任务描述**

RFID 门禁及控制模拟实现 RFID 卡门禁控制，程序运行首先通过"开卡"实现 RFID 卡数据的存储，存储的数据作为有效房卡数值。开卡成功后，需要刷卡进行验证，如果刷卡数据与存储的开卡数据一致，则打开风扇模拟刷卡成功，否则表示刷卡验证失败。

 知识引入

1. RFID 技术

RFID（Radio Frequency Identification）技术，又称无线射频识别，是一种通信技术，可通过无线电信号识别特定目标并读/写相关数据，而无须识别系统与特定目标之间建立机械或光学接触。射频识别（RFID）是一种无线通信技术，可以通过无线电信号识别特定目标并读/写相关数据，而无须识别系统与特定目标之间建立机械或者光学接触。

任务实现

1. 窗体界面设计

新建 WPF 项目，使用 Grid 布局设计代码如下：

```
<Window x:Class = "text.MainWindow"
    xmlns = "http://schemas.microsoft.com/winfx/2006/xaml/presentation"
    xmlns:x = "http://schemas.microsoft.com/winfx/2006/xaml"
    xmlns:d = "http://schemas.microsoft.com/expression/blend/2008"
    xmlns:mc = "http://schemas.openxmlformats.org/markup-compatibility/2006"
    xmlns:local = "clr-namespace:text"
    mc:Ignorable = "d"
    Title = "MainWindow" Height = "350" Width = "525">
<Grid>
    <Button x:Name = "button" Content = "开卡" HorizontalAlignment = "Left"
Margin = "95,109,0,0" VerticalAlignment = "Top" Width = "75" Click = "button_
Click"/>
    <TextBox x:Name = "textBox" HorizontalAlignment = "Left" Height = "23"
Margin = "267,105,0,0" TextWrapping = "Wrap" VerticalAlignment = "Top"
Width = "120"/>
    <Label x:Name = "label" Content = "卡号" HorizontalAlignment = "Left"
Margin = "112,194,0,0" VerticalAlignment = "Top"/>
    <Label x:Name = "label1" Content = "" HorizontalAlignment = "Left"
Margin = "267,194,0,0" VerticalAlignment = "Top"/>
    </Grid>
</Window>
```

2. 代码实现

使用唯众物联融合平台，编写窗体后台代码如下：

```csharp
using System;
using System.Collections.Generic;
using System.Linq;
using System.Text;
using System.Threading.Tasks;
using System.Windows;
using System.Windows.Controls;
using System.Windows.Data;
using System.Windows.Documents;
using System.Windows.Input;
using System.Windows.Media;
using System.Windows.Media.Imaging;
using System.Windows.Navigation;
using System.Windows.Shapes;
using System.Net.Http;
using Newtonsoft.Json;
using System.Windows.Threading;

namespace text
{
    /// <summary>
    /// MainWindow.xaml 的交互逻辑
    /// </summary>
    public partial class MainWindow : Window
    {
        private HttpClient httpClient;
        private HttpClientHandler handler;
        private DispatcherTimer dispatcherTimer = new DispatcherTimer();
        public string url = "http://192.168.0.193:8080/wziot/wzIotApi/";
        public string projectId = "3179a728-51c4-4fcc-9454-d7324c72187d";

        public string ID;
        public MainWindow()
        {
            InitializeComponent();
            handler = new HttpClientHandler();
            handler.AllowAutoRedirect = false;
            httpClient = new HttpClient(handler);
            httpClient.MaxResponseContentBufferSize = 256000;

            // 定时查询-定时器
            dispatcherTimer.Tick += new EventHandler(dispatcherTimer_Tick);
            dispatcherTimer.Interval = new TimeSpan(0, 0, 3);
            dispatcherTimer.Start();
        }
        private void button_Click(object sender, RoutedEventArgs e)
        {
            ID = textBox.Text;
        }
        private void dispatcherTimer_Tick(object sender, EventArgs e)
        {
            try
            {
                var task = httpClient.GetAsync(url + "getOneSensorData/" +
```

```
                projectId + "/" + 30013);
                    task.Result.EnsureSuccessStatusCode();
                    HttpResponseMessage response = task.Result;
                    var result = response.Content.ReadAsStringAsync();
                    string responseBodyAsText = result.Result;
                    var jsonObject = JsonConvert.DeserializeObject<dynamic>(respons
                eBodyAsText);

                    if (jsonObject["msg"].Value == " 获取数据成功 ")
                    {
                        if (jsonObject["res"][0]["uuid"] == "30013")
                        {
                            label1.Content = jsonObject["res"][0]["value"];

                            if (jsonObject["res"][0]["value"] == ID)
                            {
                                MessageBox.Show(" 开门成功 ");
                                task = httpClient.GetAsync(url +
                            "controlSensorByKey/" + projectId + "?uuid=30012&key=1");
                                task.Result.EnsureSuccessStatusCode();
                            }

                        }
                    }
                }
                catch
                {
                    label.Content = " 参数有误 ";
                }

            }
        }
    }
```

 任务小结

（1）每个 RFID 标签都有唯一的编码，通过编码实现与房间的对应关系。

（2）通过继电器打开风扇模拟刷卡验证成功。

任务 4　实现红外报警功能

 任务描述

项目运行实时监测红外传感器数据，红外监测无人时，状态显示为"正常"，点阵初始显示"正常"，如果红外监测到有人进入，状态变为"有人进入"，同时控制点阵循环显示"有人进入"，如果人离开，状态显示为"正常"，点阵恢复显示"正常"。

知识引入

红外技术

红外是红外线的简称,它是一种电磁波。它可以实现数据的无线传输。自 1800 年被发现以来,得到很普遍的应用,如红外线鼠标,红外线打印机、红外线键盘等。红外传输是一种点对点的传输方式,无线,不能离得太远,要对准方向,且中间不能有障碍物（也就是不能穿墙而过）,几乎无法控制信息传输的进度。

自然界中的一切物体,只要它的温度高于绝对温度(-273℃)就存在分子和原子无规则的运动,其表面就不断地辐射红外线。红外线是一种电磁波,波长范围为 760 nm~ 1 mm,不为人眼所见。红外成像设备就是探测这种物体表面辐射的不为人眼所见的红外线的设备。

任务实现

1. 窗体界面设计

新建 WPF 项目,使用 Grid 布局设计代码如下:

```
<Window x:Class = "text.MainWindow"
        xmlns = "http://schemas.microsoft.com/winfx/2006/xaml/presentation"
        xmlns:x = "http://schemas.microsoft.com/winfx/2006/xaml"
        xmlns:d = "http://schemas.microsoft.com/expression/blend/2008"
        xmlns:mc = "http://schemas.openxmlformats.org/markup-compatibility/2006"
        xmlns:local = "clr-namespace:text"
        mc:Ignorable = "d"
        Title = "MainWindow" Height = "361.2" Width = "473.8">
    <Grid>
        <Label x:Name = "label" Content = "当前状态: " HorizontalAlignment = "Left"
Margin = "119,122,0,0" VerticalAlignment = "Top"/>
        <Label x:Name = "label1" Content = "正常" HorizontalAlignment = "Left"
Margin = "241,122,0,0" VerticalAlignment = "Top"/>
        <Button x:Name = "button" Content = "开始检测" HorizontalAlignment = "Left"
Margin = "114,242,0,0" VerticalAlignment = "Top" Width = "75" Click = "button_
Click"/>
        <Button x:Name = "button1" Content = "停止检测"
HorizontalAlignment = "Left" Margin = "231,242,0,0" VerticalAlignment = "Top"
Width = "75" Click = "button1_Click"/>
    </Grid>
</Window>
```

2. 代码实现

使用唯众物联融合平台,编写窗体后台代码如下:

```
using System;
using System.Collections.Generic;
using System.Linq;
using System.Text;
using System.Threading.Tasks;
using System.Windows;
using System.Windows.Controls;
using System.Windows.Data;
```

```
using System.Windows.Documents;
using System.Windows.Input;
using System.Windows.Media;
using System.Windows.Media.Imaging;
using System.Windows.Navigation;
using System.Windows.Shapes;
using System.Net.Http;
using Newtonsoft.Json;
using System.Windows.Threading;

namespace text
{
    /// <summary>
    /// MainWindow.xaml 的交互逻辑
    /// </summary>
    public partial class MainWindow : Window
    {
        private HttpClient httpClient;
        private HttpClientHandler handler;
        private DispatcherTimer dispatcherTimer = new DispatcherTimer();
        public string url = "http://192.168.0.193:8080/wziot/wzIotApi/";
        public string projectId = "3179a728-51c4-4fcc-9454-d7324c72187d";

        public MainWindow()
        {
            InitializeComponent();
            handler = new HttpClientHandler();
            handler.AllowAutoRedirect = false;
            httpClient = new HttpClient(handler);
            httpClient.MaxResponseContentBufferSize = 256000;
            // 定时查询 - 定时器
            dispatcherTimer.Tick += new EventHandler(dispatcherTimer_Tick);
            dispatcherTimer.Interval = new TimeSpan(0, 0, 3);
        }
        private void dispatcherTimer_Tick(object sender, EventArgs e)
        {
            try
            {
                var task = httpClient.GetAsync(url + "getOneSensorData/" +
            projectId + "/" + 30011);
                task.Result.EnsureSuccessStatusCode();
                HttpResponseMessage response = task.Result;
                var result = response.Content.ReadAsStringAsync();
                string responseBodyAsText = result.Result;
                var jsonObject = JsonConvert.DeserializeObject<dynamic>(respons
            eBodyAsText);
                if (jsonObject["msg"].Value == " 获取数据成功 ")
                {
                    if (jsonObject["res"][0]["uuid"] == "30011")
                    {
                        if (jsonObject["res"][0]["value"] == "1")
                        {
                            label1.Content = " 有人进入 ";
```

```
                    task = httpClient.GetAsync(url +
            "controlSensorByKey/" + projectId + "?uuid=30021&key=1");
            // 点阵循环显示 " 有人进入 "
                    task.Result.EnsureSuccessStatusCode();
                }
                else
                {
                    label1.Content = " 正常 ";

                    task = httpClient.GetAsync(url +
            "controlSensorByKey/" + projectId + "?uuid=30021&key=2");
            // 点阵循环显示 " 正常 "
                    task.Result.EnsureSuccessStatusCode();
                }
            }
        }
        elsc
        {
            MessageBox.Show(" 平台内无此设备，请检查。");
        }
    }
    catch
    {
        label.Content = " 参数有误 ";
    }
}

private void button_Click(object sender, RoutedEventArgs e)
{
    dispatcherTimer.Start();
}

private void button1_Click(object sender, RoutedEventArgs e)
{
    dispatcherTimer.Stop();
}
    }
}
```

任务小结

（1）点阵代码烧写通过"变量"区别显示内容。

（2）通过字库构造点阵文字显示支持。

任务5 实现烟雾报警功能

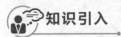 **任务描述**

项目运行实时监测烟雾传感器数据，烟雾监测无烟雾或可燃气体时，状态显示为"正常"，如果监测到有烟雾或可燃气体，状态显示为"烟雾报警"，同时控制语音模块重复发出报警声"请注意烟雾报警"，如果烟雾或可燃气体消失，语音模块停止报警，状态显示为"正常"。

 知识引入

烟雾传感器就是通过监测烟雾的浓度来实现火灾防范的，烟雾报警器内部采用离子式烟雾传感，离子式烟雾传感器是一种技术先进，工作稳定可靠的传感器，被广泛运用到各种消防报警系统，性能远优于气敏电阻类的火灾报警器。

火灾烟雾是由气、液、固体微粒群组成的混合物，具有体积、质量、温度、电荷等物理特性。

任务实现

1. 窗体界面设计

新建 WPF 项目，使用 Grid 布局设计代码如下：

```xml
<Window x:Class = "text.MainWindow"
        xmlns = "http://schemas.microsoft.com/winfx/2006/xaml/presentation"
        xmlns:x = "http://schemas.microsoft.com/winfx/2006/xaml"
        xmlns:d = "http://schemas.microsoft.com/expression/blend/2008"
        xmlns:mc = "http://schemas.openxmlformats.org/markup-compatibility/2006"
        xmlns:local = "clr-namespace:text"
        mc:Ignorable = "d"
        Title = "MainWindow" Height = "332.289" Width = "401.867">
    <Grid>
        <Label x:Name = "label" Content = " 当前采集值: "
HorizontalAlignment = "Left" Margin = "119,122,0,0" VerticalAlignment = "Top"/>
        <Label x:Name = "label1" Content = "00" HorizontalAlignment = "Left"
Margin = "241,122,0,0" VerticalAlignment = "Top"/>
        <Button x:Name = "button" Content = " 开始检测" HorizontalAlignment = "Left"
Margin = "78,219,0,0" VerticalAlignment = "Top" Width = "75" Click = "button_Click"/>
        <Button x:Name = "button1" Content = " 停止检测"
HorizontalAlignment = "Left" Margin = "241,219,0,0" VerticalAlignment = "Top"
Width = "75" Click = "button1_Click"/>
        <Label x:Name = "label2" Content = " 烟雾检测" HorizontalAlignment = "Left"
Margin = "138,32,0,0" VerticalAlignment = "Top" Height = "41" Width = "106"
FontSize = "24"/>
    </Grid>
</Window>
```

2. 代码实现

引用代码链接库，编写窗体后台代码如下：

```csharp
using System;
using System.Collections.Generic;
using System.Linq;
using System.Text;
using System.Threading.Tasks;
using System.Windows;
using System.Windows.Controls;
using System.Windows.Data;
using System.Windows.Documents;
using System.Windows.Input;
using System.Windows.Media;
using System.Windows.Media.Imaging;
using System.Windows.Navigation;
using System.Windows.Shapes;
using System.Net.Http;
using Newtonsoft.Json;
using System.Windows.Threading;

namespace text
{
    /// <summary>
    /// MainWindow.xaml 的交互逻辑
    /// </summary>
    public partial class MainWindow : Window
    {
        private HttpClient httpClient;
        private HttpClientHandler handler;
        private DispatcherTimer dispatcherTimer = new DispatcherTimer();
        public string url = "http://192.168.0.193:8080/wziot/wzIotApi/";
        public string projectId = "3179a728-51c4-4fcc-9454-d7324c72187d";
        public MainWindow()
        {
            InitializeComponent();
            handler = new HttpClientHandler();
            handler.AllowAutoRedirect = false;
            httpClient = new HttpClient(handler);
            httpClient.MaxResponseContentBufferSize = 256000;
            //定时查询-定时器
            dispatcherTimer.Tick += new EventHandler(dispatcherTimer_Tick);
            dispatcherTimer.Interval = new TimeSpan(0, 0, 3);
        }
        private void dispatcherTimer_Tick(object sender, EventArgs e)
        {
            try
            {
                var task = httpClient.GetAsync(url + "getOneSensorData/" +
        projectId + "/" + 30010);
                task.Result.EnsureSuccessStatusCode();
                HttpResponseMessage response = task.Result;
                var result = response.Content.ReadAsStringAsync();
```

```
            string responseBodyAsText = result.Result;
            var jsonObject = JsonConvert.DeserializeObject<dynamic>(respons
        eBodyAsText);

            if (jsonObject["msg"].Value == "获取数据成功")
            {
                if (jsonObject["res"][0]["uuid"] == "30010")
                {
                    if (int.Parse(jsonObject["res"][0]["value"]) > 18)
                    //检测阈值上限为18
                    {
                        label1.Content = "烟雾报警";

                        task = httpClient.GetAsync(url +
        "controlSensorByKey/" + projectId + "?uuid=30023&key=1");
                        //语音模块重复发出报警声"请注意烟雾报警"
                        task.Result.EnsureSuccessStatusCode();
                    }
                    else
                    {
                        label1.Content = "正常";
                        task = httpClient.GetAsync(url + "controlSensorByKey/"
                     + projectId + "?uuid=30023&key=2");   //语音模块停止报警
                        task.Result.EnsureSuccessStatusCode();
                    }
                }
            }
            else
            {
                MessageBox.Show("平台内无此设备，请检查。");
            }
        }
        catch
        {
            label.Content = "参数有误";
        }
    }
    private void button_Click(object sender, RoutedEventArgs e)
    {
        dispatcherTimer.Start();
    }
    private void button1_Click(object sender, RoutedEventArgs e)
    {
        dispatcherTimer.Stop();
    }
    }
}
```

任务小结

（1）语音控制单片机通过"变量"控制不同语音播放。

（2）烧写单片机程序时通过"按键"方式检测语音播放内容。

知识拓展

1. WPF 中的字体格式设置

在 WPF 中控件没有 Font 属性，通过 FontFamily 可设置字体类型：

```
FontFamily font=new FontFamily("Times New Roman");
```

2. TextBlock 和 Label

在 Winform 中经常使用 Label 标签设置标识文字，在 WPF 中 TextBlock 和 Label 都可以设置标识文字。在 WPF 中，Label 和 TextBlock 都是 System.Windows.Controls 命名空间下的类，但二者的父类并不相同。TextBlock 继承自 System.Windows.FrameworkElement，Label 具有更多的功能，可以放任务对象，而 TextBlock 只能放文字。

3. 设置窗口中控件的统一风格

项目文件 APP.xaml 中定义 Application.Resources 块可以设置控件的统一风格。例如：

```
<Application.Resources>
  <Style TargetType="Button">
    <Setter Property="Width" Value="100" />
    <Setter Property="Margin" Value="10" />
  </Style>
</Application.Resources>
```

可以设置所有的按钮的宽度和 margin 值，还可以在 App.xaml 中创建样式，再在窗体设计中使控件直接应用样式。

项目总结

文　档 •······

项目9
实施评价表
•······

（1）唯众物联融合平台是集 B/S 程序开发、窗体程序开发于一体的物联网开发平台。
（2）通过局域网连接的无线网关、服务器实现物联网设备的监测与管理。
（3）不同的物联网设备通过 UID 值进行识别和监测控制。
（4）WPF 程序设计实现界面设计与后台代码开发的分离。

常见问题解析

1. 为什么 WPF 项目运行时总是只能运行第一个窗口？

项目中 App.xaml 文件是项目设置起始位置配置文件，StartupUri 属性设置起始运行窗体，默认设置为 StartupUri="MainWindow.xaml"，修改 StartupUri 的值可以设置项目起始运行其他窗体。

2. 为什么 WPF 容器中控件设置对齐方式后不能居中？

容器控件设置内容在容器中居中，需要设置内容控件的水平对齐方式或垂直对齐方式，HorizontalAlignment="Center" 设置水平居中，VerticalAlignment="Center" 设置垂直居中，另外还要注意容器有没有设置 padding，控件有没有设置 margin，这些都会影响控件在容器中的位置。在使用 StackPanel 控件时要注意 Orientation 的属性值是水平方向还是垂直方向。

习 题

一、选择题

1. App.xaml 中设置启动窗体的属性是（　　）。

　　A. Startup　　　　　B. StartupUri　　　　　C. main　　　　　D. mainUri

2. WPF 中设置 Label 显示文字的属性是（　　）。

　　A. Text　　　　　B. Content　　　　　C. value　　　　　D. Title

3. WPF 中默认布局控件是（　　）。

　　A. Grid　　　　　B. StackPanel　　　　　C. DockPanel　　　D. WrapPanel

4. RFID 读卡器读卡时引发的事件为（　　）。

　　A. OnDevChanged　　　　　　　　　　B. OnVarChanged

　　C. OnStrChanged　　　　　　　　　　D. OnClick

5. 光敏传感器数据发生变化时引发的事件为（　　）。

　　A. OnDevChanged　　　　　　　　　　B. OnVarChanged

　　C. OnStrChanged　　　　　　　　　　D. OnClick

二、简答题

1. 简述 WPF 与 Winform 的区别。

2. 简述 margin 与 padding 的属性值的含义。

三、实践题

使用 Socket 编程实现，使用客户端编程每隔 5s 读取唯众物联平台中温度值，同时将读取的温度值通过端口传给服务端，服务端得到温度值后，在服务端判断温度是否超过 30℃，如果超过 30℃，向客户端发送数字 1，客户端接收到数据 1，打开风扇，如果温度超过 35℃，向客户端发送数字 2，客户端接收到数据 2，打开 RGB 灯。

附录 A 物联网技术应用模拟试题

评 分 表

序号	任务		应得分		实得分
1	任务 1 开发环境搭建	20 分	(1) 网络环境搭建	5 分	
			(2) 嵌入式开发环境搭建	5 分	
			(3) Android Studio 开发环境搭建	5 分	
			(4) Visual Studio 开发环境搭建	5 分	
2	任务 2 传感器、执行器应用	10 分	(1) 传感器和执行器的识别	4 分	
			(2) 应用场景搭建	6 分	
3	任务 3 嵌入式应用	25 分	(1) 问题一 点阵显示控制	3 分	
			(2) 问题二 光照采集控制	10 分	
			(3) 问题三 红外采集控制	3 分	
			(4) 问题四 语音播放控制	6 分	
			(5) 问题五 RFID 采集控	3 分	
4	任务 4 终端应用（C# 应用开发）	20 分	(1) 基础部分	10 分	
			(2) 高级部分	10 分	
	任务 5 终端应用（Android 应用开发）	20 分	(1) 基础部分	10 分	
			(2) 高级部分	10 分	
5	职业素养	5 分	体现职业规范、文档规范、团队协作	5 分	
	汇总		100		

第一部分 开发环境的搭建

一、竞赛要求

本赛题包括网络环境和软件开发环境两部分。网络环境搭建，要求参赛者可以使用网线、路由器、PC 等设备进行正确的网络配置。软件开发环境，要求参赛者可以根据竞赛提供的安装包，正确地安装嵌入式、安卓及 C# 开发环境。

二、竞赛内容

1. 搭建网络环境

（1）使用竞赛提供的路由器、网线及网络测试工具，搭建局域网络，实现 PC、安卓平板的网络互通。

（2）配置路由器，设置路由器网关为 192.168.×××.1"，其中 ××× 为参赛队的组号，例如，12 号队，需将路由器网关设置为 192.168.12.1。

（3）配置路由器，设置无线 WIFI 的 SSID 为 JNDS-×××，其中 ××× 为参赛队的组号，加密方式为 WPA–PSK/WPA2–PSK。

（4）配置 PC，通过有线方式接入路由器局域网，并将 IP 信息截图，如图 A-1 所示。

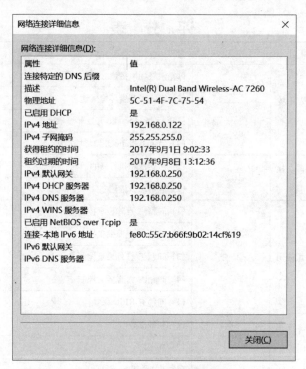

图 A-1　网络连接详细信息

（5）将截图保存到 PC 桌面的"竞赛资料"目录中。

（6）配置安卓平板，连接本路由器发出的无线 Wi-Fi。

2. 嵌入式开发环境的搭建

在虚拟机中完成 MDK 安装，完成后将开发环境打开并截图保存至"竞赛环境拱建截图 .doc"文件对应标题下，文件名为 MDK.png。

3. Android Studio 开发环境的搭建

在虚拟机中完成 JDK 及 Android Studio 安装，完成后将 Android Studio 开发环境打开并截图保存至"竞赛环境拱建截图 .doc"文件对应标题下，文件名为 Android.png。

4. Visual Studio 开发环境的搭建

在虚拟机中完成 Visual Studio 安装及环境变量配置，完成后将开发环境打开并截图保存至竞赛文件夹，文件名为 VS.png。

第二部分　传感器 / 执行器应用

一、竞赛要求

参赛者需要能正确认知各种不同的传感器、执行器类型，并能熟知不同传感器、执行器的应用范围。

二、竞赛内容

问题一：传感器和执行器的识别

传感器和执行器的识别及安装：正确识别各种传感器，按图 A-2 完成各种传感器的安装，将传感器的名称写在标签纸上并贴在对应传感器和执行器设备上。

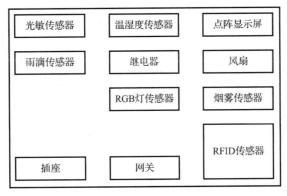

图 A-2　传感器安装图

问题二：应用场景的搭建

（1）新建 VS.NET 工程"PC 环境搭建"，新建窗体，完成温度值的读取和继电器的手动打开和关闭，编译执行并测试。将 PC 环境搭建 .exe 文件复制到桌面，待检测评分。

（2）新建 Android 工程"移动端环境搭建"，完成 RGB 灯的打开和关闭，将工程部署到移动终端待检测评分。

第三部分　嵌入式应用开发（C 语言）

问题一：点阵显示控制

新建工程"点阵显示控制"，保存至桌面"嵌入式应用开发"文件夹，要求点阵循环显示"嵌入式开发"。

问题二：光照采集控制

新建工程"光照采集控制"，保存至桌面"嵌入式应用开发"文件夹。

参赛者需按如下要求进行：

（1）将默认定时采样时间修改为 3s。

（2）每次采样后，检查采样值，当采样值低于 40 时，采样时间设置为 1s 一次。

（3）每次采样后，检查采样值，当采样值高于 40 时，采样时间恢复为 3s 一次。

（4）每次采样后，对前面所有的采样做最大值、最小值、平均值运算，运算方法为：去掉最高值，去掉最低值，剩下的值取最大值、最小值、平均值。（依次显示最大值 max、最小值 min、平均值 avg）。

（5）调用语句，将最大值、最小值、平均值显示到 OLED 液晶屏中。

完成代码编写后，将代码进行编译并下载到单片机中，并插入到结点底部运行。

用手遮挡光照感应器，可以看到 OLED 显示的采样值由 3s 一次变成 1s 一次。

问题三：红外采集控制

新建工程"红外采集控制"，保存至桌面"嵌入式应用开发"文件夹。

实现"红外传感器"信息监测，当监测到有人进入，OLED 显示屏显示"有人进入"，否则显示"正常"。

问题四：语音播放控制

新建工程"语音播放控制"，保存至桌面"嵌入式应用开发"文件夹。

要求实现插放两条信息："请注意有人进入""正常"。

问题五：RFID 采集控制

新建工程"RFID 采集控制"，保存至桌面"嵌入式应用开发"文件夹。

程序运行时，能成功读取 RFID 卡信息，并将信息显示到 OLED 显示屏。

第四部分　终端应用开发（C#.Net）

一、基础部分

新建 WPF 工程"智能物联"。

功能按如下要求进行：

（1）添加"打开风扇""关闭风扇"按钮，单击按钮能实现打开和关闭风扇。

（2）在界面上新增"信息记录"和"平均值"两个文本框控件。

（3）在此工程的基础上，将每一次采样过来的光照数值，加上当前系统时间，输出到界面的"信息记录"文本框中，每条信息一行，显示多行，并允许上下滑动查看未显示完全的内容。

（4）对最新的十次采样信息，进行平均值运算，将平均值显示到界面的"平均值"文本框中，只显示最新的平均值。

（5）新增一个图片控件，使用竞赛提供的报警图片，当光照值低于 50 时，界面显示报警图片，同时自动打开风扇，否则显示设备正常运行图片，关闭风扇。

保存执行程序，将"智能物联 .exe"保存至桌面。待裁判评判。

二、高级部分

新建一个 WPF 工程（物联管理终端），搭建 TCP/Socket 服务器，监测客户端"移动平板"发送信息。

程序运行时，监测移动终端发生的端口信息，当移动终端发送"人体红外"报警时，物联管理终端在界面上进行报警图片的显示，并控制语音播放"请注意，有人进入"，否则语音播放"正常"。

保存执行程序，将"物联管理终端 .exe"保存至桌面。待裁判评判。

第五部分　终端应用开发（安卓）

一、基础部分

新建 Android 工程"智能物联"。

功能按如下要求进行：

（1）添加"打开 RGB 灯""关闭 RGB 灯"按钮，单击按钮能实现打开和关闭 RGB 灯。

（2）实现 RFID 卡的读取，将数值显示到界面，并保存到 SQLite 数据库中。

（3）新增一个图片控件，使用比赛提供的报警图片，当读取的 RFID 值在数据库中已经存在时，弹出对话框"该用户已登录！"，同时界面显示报警图片，否则显示设备正常运行图片。

调试执行程序，将工程部署至移动终端桌面，待裁判评判。

二、高级部分

新建一个安卓工程（物联客户端）。

程序运行时，监测"红外传感器数据"，当红外传感器监测到有人进入，界面显示"请注意，有人进入"，同时通过 TCP 连接，将报警信息发送到物联管理终端（PC 端）。当红外传感器监测到无人时，界面显示"正常"，同时通过 TCP 连接，将信息发送到物联管理终端（PC 端）。

调试执行程序，将工程部署至移动终端桌面，待裁判评判。